鄂尔多斯盆地低渗透致密油藏测井评价方法与应用

石玉江　李高仁　王长胜　周金昱　等著

石油工业出版社

内 容 提 要

本书系统总结了近十年鄂尔多斯盆地中生界储层测井评价技术进展，主要介绍了测井与油藏地质紧密结合，创新引入油藏充注模式的概念，将中生界油藏划分为高、中、低三种充注模式，分析了不同充注模式下油层测井响应特征，针对性形成了高充注致密油、中等充注特低渗油层及低充注低对比度油层的测井解释技术及油藏富集区测井评价方法，结合丰富的实例介绍了技术的应用成效，显著提高了测井解释评价精度。

本书适合石油勘探开发工作人员及大专院校相关专业师生参考使用。

图书在版编目（CIP）数据

鄂尔多斯盆地低渗透致密油藏测井评价方法与应用／
石玉江等著. —北京：石油工业出版社，2022.5
ISBN 978-7-5183-4929-6

Ⅰ. ①鄂… Ⅱ. ①石… Ⅲ. ①鄂尔多斯盆地-致密砂
岩-低渗透油气藏-测井分析-研究 Ⅳ. ①TE343

中国版本图书馆 CIP 数据核字（2021）第 211265 号

出版发行：石油工业出版社
　　　　　（北京安定门外安华里 2 区 1 号　　100011）
　　网　　址：www.petropub.com
　　编辑部：（010）64523736
　　图书营销中心：（010）64523633
经　　销：全国新华书店
印　　刷：北京中石油彩色印刷有限责任公司

2022 年 5 月第 1 版　2022 年 5 月第 1 次印刷
787×1092 毫米　开本：1/16　印张：13.25
字数：346 千字

定价：120.00 元

《鄂尔多斯盆地低渗透致密油藏测井评价方法与应用》
编写组

组　　长：石玉江　李高仁

副组长：王长胜　周金昱　钟吉彬　郭浩鹏　张海涛

主要成员：席　辉　王艳梅　张文静　张少华　李卫兵

　　　　　屈亚龙　许庆英　宋　琛　汤宏平　钟晓勤

　　　　　郭清娅　孙博文　韩佳贝　马昌旭　刘新田

　　　　　李保民　迟瑞强　杨小明　赵太平　刘天定

　　　　　陈　阵　朱保定　刘　蝶　寇小攀　高建英

　　　　　慕　倩

序

鄂尔多斯盆地以发育典型"低渗、低压"油气藏闻名，如何高质量勘探开发是世界难题。随着低渗透油气藏勘探地质认识的不断深化和开发工艺技术的持续进步，特别是大面积低渗透岩性油气藏成藏理论和水平井体积压裂技术的创新与突破，驱动了盆地油气储量、产量的快速增长。作为鄂尔多斯盆地油气开发的主力军，中国石油长庆油田 2013 年油气当量突破 5000 万吨，2020 年油气当量历史性地突破 6000 万吨，保持连续十年高产稳产，创造了我国油气田产量历史最高纪录，成为我国石油工业发展史上新的里程碑。

测井技术作为识别油气层和评价油气藏的重要手段，在油气勘探开发中发挥着不可或缺的作用。伴随着长庆油田勘探开发的不断深入，测井评价目标越来越复杂，面临超低渗透致密储层、低对比度油层、复杂油水关系油藏、页岩油等评价难点，以及油田大规模、快节奏、高质量上产等需求，测井精准识别与评价油气层面临许多新的挑战。

近十年来，以中国石油长庆油田勘探开发研究院和中国石油集团测井有限公司长庆分公司为核心的测井解释团队，以"我为祖国献石油"为使命，围绕服务油气勘探开发这一宗旨，秉承"攻坚啃硬、拼搏进取"的长庆精神，坚持岩石物理配套实验、采集系列优化设计；坚持测井与地质、油藏和工程有机结合；坚持解释方法研究与成果有形化配套，创新提出了适用于不同油藏充注模式下的测井解释评价技术方案，为长庆油田勘探开发提供了非常有力的技术支撑。同时，通过搭建测井协同工作平台，实现了油田公司与测井公司资料共享，扩大了技术成果的应用范围，既奠定了油田公司与测井公司一体化工作模式，也为国内其他油气田提供了重要借鉴。

《鄂尔多斯盆地低渗透致密油藏测井评价方法与应用》一书集中反映了集团公司高级技术专家石玉江领衔的长庆油田测井科技工作者在低渗透致密油藏测井评价攻关与实践中的创造性思维和创新性成果。我对他们取得的成果表示祝贺，同时对他们长期扎根科研生产一线、不懈奋斗的精神表示钦佩，并衷心祝愿他们在新的科研生产实践中取得更丰硕的成果，为长庆油田的持续发展再立新功。

中国工程院院士

前　　言

鄂尔多斯盆地中生界发育典型的低渗透致密砂岩油藏，储层岩性、物性、孔隙结构和润湿性复杂，非均质性强；油藏油水关系复杂，地层水性质变化大。这些因素导致常规测井资料对油层、水层的分辨能力降低，测井解释模型和图版的适应性变差，制约了测井解释符合率的提升。低渗透致密油藏的精准识别和定量评价一直是测井攻关研究的重点。2000 年以来，伴随着长庆油田大规模增储上产，测井技术紧跟勘探开发生产需求，以油气藏富集主控因素和岩石物理研究为基础，强化测井采集系列优化升级，注重测井解释方法创新研发，测井与地质、油藏和试油气工程紧密结合，取得显著成效，有力支撑了勘探发现、储量落实和有效开发。

勘探开发实践表明：鄂尔多斯盆地中生界延长组中下组合（长 4+5、长 6、长 7、长 8）发育大面积低渗透致密砂岩油藏，在延长组长 3 以上、侏罗系发育低渗透低幅度构造—岩性油藏。这些油藏储层岩性及孔隙结构复杂，油藏充注程度不一，发育多种成因的低阻—低对比度油层，部分层系油水关系复杂，对测井评价提出了严峻的挑战，亟须发展油藏模式指导下的针对性解释方法，以满足低渗透致密油藏勘探开发需求。

本书系统总结了近十年长庆油田低渗透致密油藏测井解释评价攻关的主要技术成果和实践经验。特别是将测井与地质融合，引入油藏充注模式的概念，根据源储配置关系与含油性主控因素，划分出中生界不同类型油藏的充注模式，建立了相适应的测井采集和解释技术方法系列，大幅度提高了低渗透致密油藏测井评价技术水平，为长庆油田 6000 万吨的上产和高质量二次加快发展做出了重要贡献。本书主要内容如下。

（1）引入"源—相—力"耦合概念，划分出了高充注、中等充注、低充注三种油藏充注模式，分析了不同充注模式下油藏含油性、电性和储层下限特征，以及流体性质变化序列，有效指导了测井解释模式的建立。

（2）以孔隙结构评价为核心，创新建立了源储接触高充注低渗透致密油藏成岩相测井解释方法，丰富了储层测井地质评价的内涵，并以成岩相分类为基础，建立了高精度的储层孔隙结构和参数计算模型，为低渗透致密非均质储层参数定量评价提供了新思路。

（3）针对不同充注模式油藏，建立了针对性的流体性质判识方法。重构测井流体敏感参数，提出了三孔隙度指数（TPI）、视电阻增大率、双 R_w 对比、阵列电阻率梯度因子等多种有效的含油性表征参数，提高了低阻—低对比度油层、复杂油水关系储层，以及地层水矿化度多变储层的流体识别精度。

（4）针对盆地源内致密油—页岩油"甜点"优选和钻完井工程需求，优化了核磁共振测井的采集模式，提高了资料信噪比及微纳米级孔喉的识别能力；提出了"三品质"（储层品质、工程力学品质、烃源岩品质）测井综合评价方法系列，满足了致密油—页岩油勘探开发需求。

（5）基于源储配置思路，建立了特低渗透储层含油富集程度和烃源岩有机质丰度测井表征方法，提出烃源岩生烃能力与储层品质的有效配置控制了富集区分布，对特低渗透油藏规避快速建产风险，提高勘探开发效益，具有重要意义和推广价值。

（6）开发了测井地质一体化工作平台，从数据传输、管理、应用三方面实现了测井业务流与数据流的统一，实现了数字化、网络化、智能化工作方式，大幅度提高了测井解释的质量、效率和协同共享水平。

本书力求做到测井与地质、油藏紧密结合，测井与录井、分析实验、试油气多学科综合应用，提高复杂油藏的测井综合评价能力，拓宽测井资料的应用范围，具有较强的针对性、实践性和可操作性，希望能为从事低渗透致密油藏、低对比度油层、复杂油水层测井解释评价的油气田科技人员、院校师生提供有益的参考。

本书第一章由石玉江、李高仁编写；第二章第一节由王长胜、郭浩鹏、汤宏平、马昌旭编写，第二、三节由郭浩鹏、张文静、王艳梅、钟吉彬、张少华编写，第四节由李高仁、宋琛、郭清娅、屈亚龙、刘新田编写；第三章第一节由李高仁、周金昱、钟晓勤、韩佳贝、李保民编写，第二节由石玉江、李高仁、郭浩鹏、许庆英、迟瑞强、赵太平编写，第三节由席辉、陈阵、郭清娅、慕倩、杨小明编写；第四章由周金昱、王长胜、王艳梅、朱保定、刘天定编写；第五章由王长胜、席辉、张少华、李卫兵、刘蝶编写；第六章由钟吉彬、张文静、李卫兵、孙博文、寇小攀、高建英编写。全书由石玉江、李高仁、周金昱统稿。

鄂尔多斯盆地测井技术攻关得到中国石油勘探与生产分公司李国欣教授、刘国强教授，中国石油勘探开发研究院李宁院士、周灿灿教授、李潮流教授、李长喜高级工程师、胡法龙高级工程师，中国石油大学（北京）毛志强教授，中国地质大学（北京）肖亮教授、谭茂金教授，中国石油集团测井有限公司李剑浩教授、胡启月教授、汤天知教授、杨永发教授、杨林教授、冯春珍教授等专家学者的大力支持与帮助。中国石油长庆油田公司历届领导杨华教授、付锁堂教授、何自新教授、付金华教授，测井界老前辈欧阳健教授、陆大卫教授等对长庆油田测井技术发展和测井工作给予了悉心指导与关怀，在此一并表示诚挚的谢意。由于笔者学术水平所限，书中不足之处，敬请读者批评指正！

目　　录

第一章 低渗透致密油藏测井解释模式的划分

鄂尔多斯盆地中生界油藏源储配置不同，不同层系、不同区带油藏的含油特征、油水关系和油藏规模存在差异，导致测井响应特征不同，测井评价需要研究清楚这些油藏的源储配置与油藏充注模式的关系，进而划分测井解释模式，为建立针对性的测井解释方法奠定基础。

第一节 源储配置关系与油藏充注模式的划分

油藏充注模式指从烃源岩生成的原油，在驱动力作用下向储层选择性持续注入形成油藏的过程。盆地勘探实践表明：不同成藏动力条件下，原油充注成藏过程中克服储层对流体的阻力存在差异，导致其选择性地进入储集体和孔隙，将在不同成藏动力下原油克服这种阻力和选择性充注归因于充足的油源（源）、储层介质属性（相）、成藏动力（力）三者之间的耦合作用。不同的"源—相—力"耦合油藏的含油性与储层的下限不同，根据源储配置关系、砂体充满度和最大有效含油体积的相对高低，本书将油藏充注模式划分为高充注、中等充注和低充注三种类型，明晰了不同充注模式油藏的含油性、有效储层下限规律。

一、源储配置关系的划分

鄂尔多斯盆地中西部中下组合长 4+5、长 6—长 8 主要发育大型低渗透岩性油藏，长 7 发育大型致密油藏、长 3—长 1 及侏罗系主要发育小型的构造—岩性油藏，根据油藏距离烃源岩的垂向、横向距离，将延长组油藏源储配置关系分为自生自储源内模式、源储接触模式、垂向近源模式、旁生侧储远源模式、垂向远源次生模式五类（图 1-1、图 1-2）。

1. 源内模式

自生自储源内模式指烃源岩和储层交互叠置，原油在烃源岩排烃期借助生烃增压所产生的排烃力直接进入交互的砂层中形成油藏的模式，即油藏位于生烃坳陷中。湖盆中心长 7_1、长 7_2 砂体位于长 7_3 烃源岩之上或包裹其中，长 7 生排烃期油源就近进入长 7_1、长 7_2 优势砂体，形成了长 7 自生自储源内油藏。

2. 源储接触模式

源储接触模式主要为储层紧邻烃源岩之上或之下，且与烃源岩成面接触的源储配置模式。油藏距离生烃中心较近，长 7_3 烃源岩层在生烃时期形成的孔隙压力高于长 6_3 和长 8_1，原油在生烃增压的动力下从生油岩层经过断层、微裂隙等运移通道，往下或往上运移到以岩性圈闭为主的低渗致密储层中聚集而形成源储接触岩性油藏，受构造高低控制不明显，属于平缓构造区大面积分布的低渗透致密砂岩油藏。

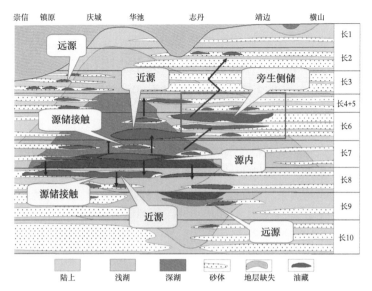

图 1-1　鄂尔多斯盆地中生界延长组油藏成藏模式图

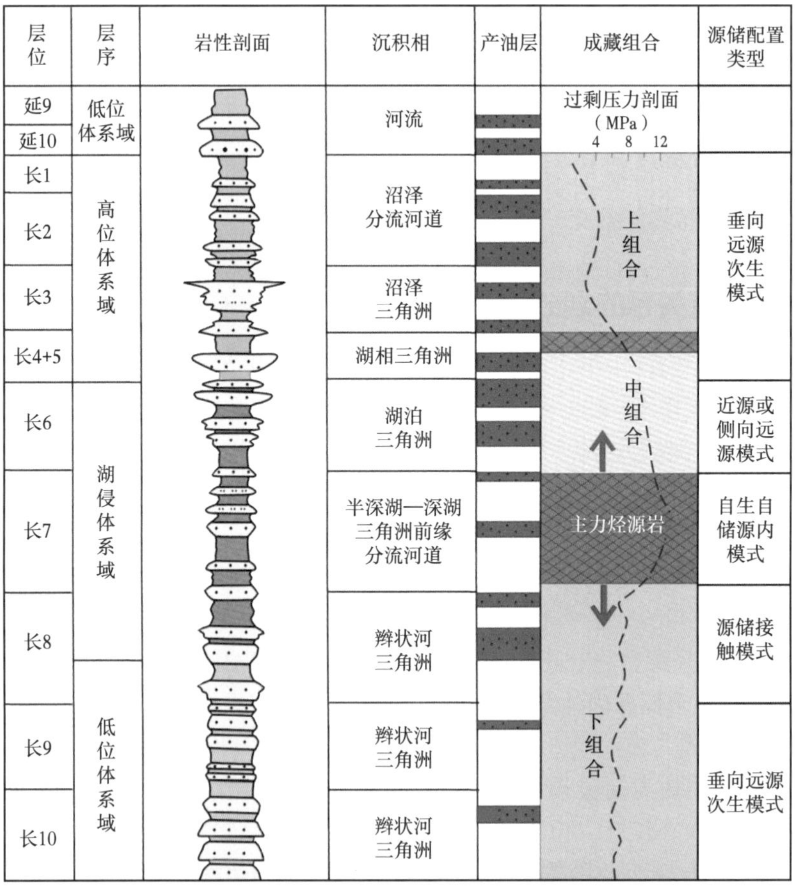

层位	层序	岩性剖面	沉积相	产油层	成藏组合	源储配置类型
延9	低位体系域		河流		过剩压力剖面（MPa）　4　8　12	垂向远源次生模式
延10					上组合	
长1	高位体系域		沼泽分流河道			垂向远源次生模式
长2			沼泽分流河道			
长3			沼泽三角洲			
长4+5			湖相三角洲		中组合	近源或侧向远源模式
长6	湖侵体系域		湖泊三角洲			
长7			半深湖—深湖三角洲前缘分流河道		主力烃源岩	自生自储源内模式
长8	低位体系域		辫状河三角洲		下组合	源储接触模式
长9			辫状河三角洲			垂向远源次生模式
长10			辫状河三角洲			

图 1-2　鄂尔多斯盆地中生界源储配置分类示意图

源储接触储集体具有优先捕获原油的优势，长 6、长 8 储层与烃源岩层段呈大面积广覆式接触，原油富集程度高。以盆地长 8_1 和华庆地区长 6_3 为例。盆地长 8_1 油藏为紧邻烃源岩之下的源储接触模式，长 8_1 储层临近长 7_3 的优质烃源岩，呈面接触，油源距离范围为 8~40m，且该烃源岩也是长 8_1 油藏的封盖层。石油在长 7_3 优质烃源岩生烃作用产生的过剩压力驱动下，向下"倒灌"进入相对优质储层中，形成大型的高充注、高饱和度低渗透致密砂岩油藏，属于上生下储式源储接触组合模式。

华庆地区长 6_3 油藏则为覆盖在烃源岩之上的源储接触模式成藏。华庆地区长 6_3 油藏直接覆盖在长 7_3 优质烃源岩上面，储层与烃源岩的距离为 60~80m，与烃源岩充分接触的长 6_3 储层在长 7_3 烃源岩排烃时具有"近水楼台先得月"的成藏优势，并且长 4+5 油层组泥岩发育，成为长 6_3 储层最重要的区域盖层。原油在长 7_3 烃源岩生烃增压作用下，向上注入邻近的长 6_3 相对优质储层，形成了华庆地区长 6_3 大型高充注岩性油藏，属于下生上储式源储接触成藏模式。

3. 垂向近源模式

垂向近源模式指储层的距离和烃源岩的距离较近，且源储距离较源储接触模式的距离相对远，储层位于烃源岩之上或之下，源储之间垂向上跨层分布，属于该类源储配置模式的代表油藏为姬塬油田长 6 和长 8_2 油藏。长 7_3 油源通过裂缝或级差优势通道向上运移充注到距离长 7_3 烃源岩 150~190m 的长 6 优质储层中，形成下生上储的近源油藏；向下运移充注于距离长 7_3 烃源岩 60~90m 的长 8_2 优质储集体中，形成上生下储的近源油藏。

4. 旁生侧储模式

旁生侧储远源模式指烃源岩与储集砂体具有一定的横向距离，油气沿砂体叠置及微裂缝呈阶梯状爬坡式运移至储集体，形成大型的隐蔽性岩性油气藏。盆地东部安塞油田长 6 油藏属于该类源储配置模式。长 7_3 主力生油岩持续生成的油气，在晚白垩世的构造运动导致盆地东部抬升，形成东高西低的构造格局，石油在异常高压和浮力的联合驱动下，沿北东—南西向裂缝沟通渗透性砂体进行侧向调整运移，当遇到上覆长 4+5 区域性盖层，并且在上倾方向上存在遮挡因素时，形成陕北地区长 6 大面积分布的旁生侧储的岩性油藏。

5. 垂向远源次生模式

垂向远源油藏指储集体离烃源岩较远，长 7_3 原油向上通过裂缝或古河道下切形成的优势通道，向下通过天然裂缝和优质砂体运移至距离油源较远的储集体，形成小规模油藏，这类油藏与烃源岩的配置关系为垂向远源模式。延安组、延长组长 1—长 3 和长 9—长 10 油藏属于该类源储配置模式。该类油藏一般是一次运移形成原生油藏后，在后期的地质作用调整或破坏下，再次调整、聚集到新的圈闭中形成的次生油藏。

垂向远源油藏中一类主要受控于天然裂缝和优质砂体。裂缝在垂向上沟通不同层段的砂体，使已聚集在长 6—长 8 的石油在纵向上发生运移，从而聚集于延长组上部长 1—长 3 储集体，长 1—长 3 油藏与烃源岩距离为 314~565m，距离烃源岩相对较远，原油聚集在这些储层中形成小规模油藏；原油向下通过裂缝或优势砂体运移至延长组下部长 9—长 10 储层形成小规模的油藏，该储层与长 7_3 烃源岩的距离为 100~185m，源储距离较远。

另一类次生油藏受控古河道下切和高角度裂缝，在油源充足的情况下，古河道的下切作用和高角度裂缝使油气聚集于侏罗系古河道储层中，形成小型的侏罗系古河道油藏。该油藏离烃源岩距离为 650~750m，距离烃源岩远。古地貌（古高地、古斜坡、河间丘）和鼻状等构造控制了侏罗系油藏的分布，含油性受构造控制，油藏规模比较小。油水可在重力作用下产生二次分异，形成上油下水的油藏，其油水界面清晰。

二、油藏充注模式的划分

为了划分不同源储配置油藏的充注模式，引入砂体充满度从"面"上表征原油对砂体空间的充注程度，并定义最大有效含油孔隙度 $\phi_{e,max}$ 从"点"上表征原油多孔隙空间的充注程度。

1. 砂体充满度

根据大面积低渗致密岩性油藏和小规模构造油藏的共同特征，选取体积法来统计圈闭充满度，能全面、准确地反映原油实际聚集情况。砂体充满度指有效砂体体积占砂体总体积的百分含量，它是衡量砂体内原油充满程度的重要参数，其计算公式为：

$$f_0 = H_e S_e / (HS) \qquad (1-1)$$

式中　f_0——油藏充满度，%；

　　　H_e——平均有效砂体厚度，m；

　　　S_e——有效砂体面积，km^2；

　　　H——平均砂体厚度，m；

　　　S——砂体面积，km^2。

在砂体充满度计算过程中，砂体厚度为各油层组测井解释为干层、油层、油水层、差油层、含油水层、水层厚度之和的平均值；有效厚度为测井解释储层的有效厚度（油层、油水层、差油层厚度之和）的平均值；有效砂体面积为根据平面上油层分布情况，圈定砂体含油范围，通过计算得到砂体含油面积或利用有利区面积和储量面积之和；砂体面积为根据小层平面图上砂体尖灭线确定的范围直接计算砂体面积，或采用区块储量报告所确定的砂体面积。

2. 油藏充注模式与砂体充满度的关系

根据式（1-1）计算的不同源储配置砂体充满度见表 1-1。源内、源储接触油藏砂体充满度分布在 40.86% ~ 49.04% 之间，在盆地中生界具有较高充满度，为高充注模式油藏；垂向远源油藏砂体充满度分布在 1.5% ~ 6.65% 之间，充满度最低，为低充注模式油藏；近源油藏、旁生侧储油藏砂体充满度分布在 5.14% ~ 24.97% 之间，充满度介于源内、源储接触油藏和远源油藏之间，砂体充满度居中，为中等充注模式油藏。

表 1-1　鄂尔多斯盆地延长组不同源储配置油藏砂体充满度统计

油藏充注模式	源储配置模式	区块	层位	充满度（%）
高充注	源内	姬塬	长 7_2	45.49
	源储接触	姬塬	长 8_1	40.86
		华庆	长 8_1	42.64
		镇北	长 8_1	45.86
		环县	长 8_1	49.04
		华庆	长 6_3	43.78

续表

油藏充注模式	源储配置模式	区块	层位	充满度（%）
中等充注	近源	姬塬	长 4+5$_2$	24.97
			长 6$_1$	16.81
			长 8$_2$	19.63
	旁生侧储	安塞	长 6$_1$	11.89
			长 6$_2$	16.45
			长 6$_3$	5.14
低充注	源储分离	姬塬	长 2	2.59
			长 9$_1$	1.75
		镇北	长 3$_1$	3.85
			长 3$_2$	6.65
			长 3$_3$	5.84
		陇东	长 4+5$_1$	5.51
			长 4+5$_2$	5.21

3. 最大有效含油孔隙度

定义式为：

$$\phi_{e,max} = \phi(1 - S_{wi}/100) \tag{1-2}$$

式中　ϕ——储层孔隙度，%；

　　　S_{wi}——束缚水饱和度，%。

$\phi_{e,max}$ 代表原油成藏所能占据的最大孔隙体积，其大小反映了单位体积储层孔隙空间的含油情况，值越大含油越饱满，原油占据的孔隙空间越多，即原油越能进入储层的微小孔喉空间。

利用盆地中生界 10 口井的密闭取心资料分析的含水饱和度、孔隙度获得这些井的 $\phi_{e,max}$ 散点值，并与分析孔隙度交会如图 1-3 所示，利用该图能有效区分不同充注模式油藏。相同

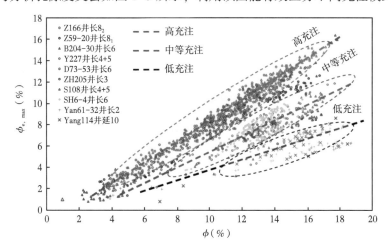

图 1-3　不同充注模式油藏孔隙度与最大含油有效孔隙体积关系图

孔隙度大小时储层的 $\phi_{e,max}$ 相对较高的油藏为高充注模式油藏，$\phi_{e,max}$ 中等的油藏为中等充注模式油藏，$\phi_{e,max}$ 较低的油藏为低充注模式油藏，与利用砂体充满度划分油藏充注模式一致。

4. 油藏充注模式与含油下限

储层的含油性下限既取决于储层本身，同时又受控于成藏动力的大小和运移的优势通道，因此不同的充注模式油藏储层含油下限与油源条件、成藏动力、储层品质三者耦合有关，即不同充注模式油藏储层具有不同的含油下限。

统计 77 个储量计算单元的下限与饱和度取值，并对同一油层组的下限、饱和度取值相同的单元进行合并，得到不同充注模式、源储配置模式油藏油层下限与含油饱和度分布区间，见表 1-2，利用该表作成物性下限直方图，并结合中生界油藏成藏模式得到直方图，如图 1-4 所示。不同充注模式、源储配置模式的油层组下限饱和度取值有一定的差异。以盆地延安组、长 1—长 3、长 9 为代表的源储分离远源低充注油藏，孔隙度下限为 10%~13.5%，渗透率下限为 0.2~8mD，含油饱和度 50%~63%，物性下限值较高，含油饱和度中等—低；以安塞油田长 6 为代表的大型旁生侧储中等充注岩性油藏，孔隙度下限 8%，渗透率下限为 0.1mD，含油饱和度平均为 53%，物性下限中等，含油饱和度较低；以姬塬油田长 4+5、长 6、长 8_2 为代表的近源中等充注油藏孔隙度下限为 8%，渗透率下限 0.1mD，含油饱和度平均为 55%，物性下限中等，含油饱和度较低；以盆地长 8_1、华庆地区长 6 为代表的源储接触高充注油藏渗透率下限为 0.07~0.08mD，孔隙度下限为 6%~8%，含油饱和度分布在 70%~72.1% 之间，物性下限较旁生侧储、源储分离、近源油藏低，含油饱和度较旁生侧储、源储分离、近源油藏高；以盆地长 7 为代表的源内高充注油藏，其孔隙度下限为 6%，渗透率下限低至 0.03mD，孔渗下限极低，储量计算中含油饱和度平均 76%，较其他源储配置模式油藏高。

表 1-2 不同充注模式油藏油层下限与含油饱和度分布范围统计表

油藏充注模式	源储配置模式	典型油藏	孔隙度下限（%）	渗透率下限（mD）	含油饱和度（%）
低充注	远源次生	盆地延安组、长 1—长 3、长 9	10.0~13.5	0.20~8.00	50.0~63.0
中等充注	旁生侧储	安塞油田长 6	8.0	0.10	53.0
	近源	姬塬油田长 4+5、长 6、长 8_2	8.0	0.10	55.0
高充注	源储接触	盆地长 8_1、华庆地区长 6	6.0~8.0	0.07~0.08	70.0~72.1
	源内	盆地长 7	6.0	0.03	76.0

根据以上分析，从物性下限来看，源储分离低充注油藏的最高，旁生侧储油藏次之，源储接触和源内高充注油藏的孔渗下限最低，低充注、中等充注、高充注油藏物性下限依次降低；从含油饱和度来看，各种模式油藏的平均值分布范围正好相反，源储分离远源低充注油藏的含油饱和度取值最低，旁生侧储中等充注油藏次之，源储接触和源内高充注油藏的最高，从低充注、中等充注、高充注油藏含油饱和度取值依次升高，源储接触高充注、源内自生自储高充注油藏具有高含油饱和度和超低有效厚度下限。在这一认识的指导下，低渗透致密油藏渗透率下限从延长组长 6、长 8 油藏的 0.1mD 降低到长 7 致密油藏的 0.06mD，突破了国际上孔隙型砂岩油藏储层渗透率下限的最低值，这对致密油藏的勘探寻找更低物性油藏具有重要意义。

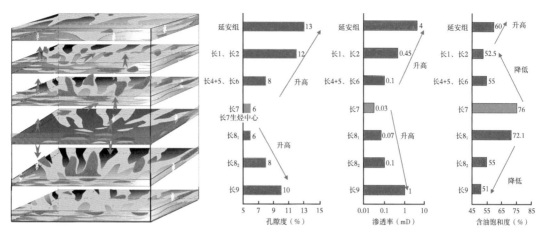

图 1-4　姬塬油田不同充注模式饱和度与物性下限直方图

第二节　不同充注模式油藏含油性主控因素

因油源条件、成藏动力、储层品质、源储距离、构造差异等因素不同，不同充注模式油藏的含油性呈现较大差异。油藏中油水的分布是成藏动力和阻力平衡的结果，其中动力主要包括浮力、源储压差、水动力等，阻力主要为毛细管力。本节引入测井含油饱和度、视电阻增大率表征岩心尺度下的含油性，并结合砂体尺度下含油性表征参数油藏充满度，分析不同充注模式油藏含油性变化规律和含油性主控制因素。

一、储层含油性的表征

1. 含油饱和度

含油饱和度是油层有效孔隙中含油体积和岩石有效孔隙体积之比，一般用百分数表示。以阿尔奇（Archie）公式为理论基础，可以得到储层含油饱和度的计算公式。Archie 公式如下：

$$F = \frac{R_0}{R_w} = \frac{a}{\phi^m} \tag{1-3}$$

$$I = \frac{R_t}{R_0} = \frac{b}{S_w^n} \tag{1-4}$$

式中　F——地层因素；

　　　I——电阻增大系数；

　　　a，b——与岩性有关的系数；

　　　R_t——岩石的测井电阻率，$\Omega \cdot m$；

　　　R_0——岩石 100% 饱含水的电阻率，$\Omega \cdot m$；

　　　R_w——地层水电阻率，$\Omega \cdot m$；

　　　m——胶结指数；

　　　ϕ——孔隙度；

n——饱和度指数;

S_w——含水饱和度,%。

由式(1-3)、式(1-4)得到岩石的含油饱和度的计算公式为:

$$S_o = 1 - S_w = 1 - \sqrt[n]{\frac{abR_w}{\phi^m R_t}} \qquad (1-5)$$

式中 S_o——含油饱和度,%。

2. 视电阻增大率

电阻增大率指含油储层的电阻率与该储层 100% 饱含水时的电阻率比值,主要反映了储层的含油性,电阻增大率越高代表油层含油性越好,越低代表含油性越差。电阻增大率公式如下:

$$I = \frac{R_t}{R_0} = \frac{R_t}{FR_w} = \frac{b}{S_w^n} = \frac{b}{(1 - S_o)^n} \qquad (1-6)$$

生产应用中,同一油水系统中含油储层电阻率与该油水系统中典型水层电阻率之比定义为视电阻增大率。如果该油水系统中不存在典型水层,可以用 Archie 公式反求 R_0,获得含油储层的视电阻增大率(I_R)如下:

$$I_R = \frac{R_t}{R_0} = \frac{R_t \phi^m}{aR_w} \qquad (1-7)$$

从式(1-7)可知,油层的视电阻增大率与电阻率、孔隙度、岩性、孔隙结构、地层水性质有关。视电阻增大率将储层深电阻率和地层水电阻率有机结合起来,突出了储层的含油性。

二、不同充注模式油藏含油性分布规律

1. 砂体充满度与充注模式的关系

如图 1-5 所示,源内、源储接触配置模式油藏其充满度最高,平均值为 45%,近源、

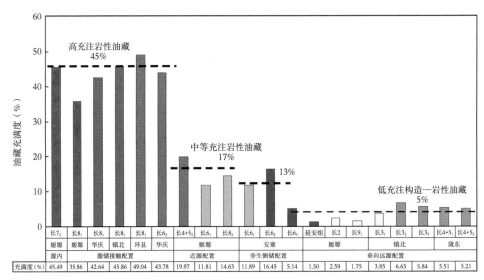

图 1-5　盆地中生界延长组油藏充满度分布直方图

旁生侧储油藏充满度相对较低，平均值为13%~17%；垂向远源配置模式油藏的充满度最低，平均值为5%。从源内—源储接触、近源、旁生侧储、垂向源储分离远源模式油藏充满度逐渐降低。随着原油运移距离的增加，成藏动力逐步衰减，油藏充满度逐渐降低，源内油藏、源储接触油藏持续超压动力充注，充满度较高，近源油藏充满度次之，远源的油藏充满度最低（图1-6）。

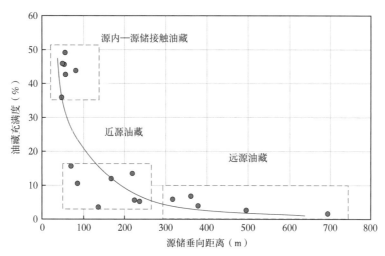

图1-6　源储垂向距离与油藏充满度的关系图

2. 含油饱和度与充注模式的关系

据鄂尔多斯盆地中生界15口井密闭取心资料的分析含油饱和度直方图（图1-7）和

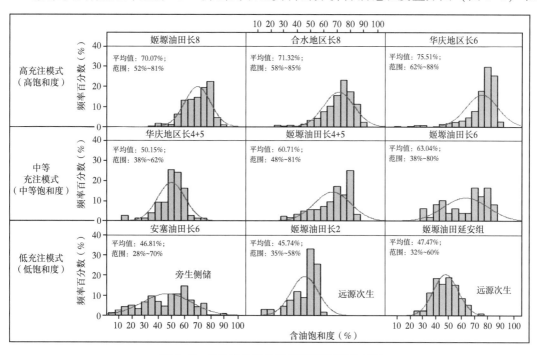

图1-7　盆地中生界含油饱和度分布直方图

视电阻增大率、饱和度分布规律表（表1-2）可知：姬塬油田长8油藏含油饱和度分布范围为52%~81%，合水地区长8油藏含油饱和度分布范围为58%~85%，华庆地区长6的含油饱和度分布范围为62%~88%，以上油藏属于源储接触高充注模式油藏，含油饱和度高，为低渗透高饱和度岩性油藏；华庆地区长4+5分析含油饱和度为38%~62%，平均值为50.15%，姬塬油田长4+5含油饱和度分布范围在48%~81%，平均值为60.71%，姬塬油田长6含油饱和度分布范围为38%~80%，平均值63.04%，这三个油层组属于近源中等充注岩性油藏；安塞油田长6油层取心分析含油饱和度分布范围为35%~70%，属大面积旁生侧储岩性油藏；姬塬油田长2密闭取心井分析含油饱和度为35%~58%，姬塬油田延安组密闭取心分析含油饱和度为32%~60%，该类油藏饱和度呈现低值，属于低充注低饱和度油藏，延安组油层的密闭取心含油饱和度略高于长2油层组含油饱和度。通过上述分析，源内、源储接触高充注油藏的油层组密闭取心分析含油饱和度最高，属于高饱和度油藏，近源中等充注油藏油层组密闭取心含油饱和度中等，源储分离和旁生侧储低充注油藏油层组密闭取心分析含油饱和度最低。

3. 视电阻增大率与充注模式的关系

如前所述，鄂尔多斯盆地中生界油藏充注模式为高充注、中等充注、低充注，由于源储配置关系不同，不同充注模式油藏视电阻增大率各异。西峰、姬塬、华庆等油田延长组上组合长1—长3、延安组砂体依靠断层、裂缝系统、古河道下切沟通下部长7油源成藏，岩性和构造共同控制这类油藏的含油性，多为岩性—构造油藏或构造—岩性油藏，为低充注油藏。油藏构造上倾方向依赖砂体尖灭或渗透率变差形成遮挡圈闭条件，在构造下倾方向见到大面积的边水或底水，储层视电阻增大率较低。如姬塬油田侏罗系油藏（表1-3）源储距离一般为600~700m，油层电阻率为5~20Ω·m，油层视电阻增大率主要分布在1.5~2.2之间，主要发育低对比度油层，视电阻增大率、电阻率均呈现相对较低特征。

表1-3 鄂尔多斯盆地中生界不同源储接触关系的视电阻增大率、饱和度分布模式

区块层位 项目	姬塬 长8₁	西峰 长8₁	华庆 长6₃	陇东 长7	姬塬 长4+5₂	志靖—安塞 长6	姬塬 长2	姬塬 侏罗系
充注模式	高充注				中等充注		低充注	
源储配置关系	源储接触	源内	近源	侧向远源	远源	远源	源储配置关系	源储接触
含油饱和度（%）	52~81	65~73	60~70	50~70	55~60	50~56	45~55	45~55
电阻率范围（Ω·m）	20~200	30~100	20~50	20~200	17~40	15~35	2.7~20	5~20
油层视电阻增大率	4~8.2	3.8~5	2.0~5.0	1.8~3.4	1.8~2.9	1.4~2.1	1.5~2.2	
运移模式	向下	向下	向上	自生自储	向上	侧向	向上	向上
距离烃源岩距离（m）	<50	<50	50~90	0~50	80~120	较远	350~500	600~750
油层类型	高阻油层为主	高阻油层为主	高阻油层为主	中—高电阻油层主	中—低阻为主，部分低对比度油层	中—低阻油层，较多低对比度油层	低对比度油层，多油水同层	低阻油层为主

　　湖盆中心延长组中下部长 6—长 8 高充注模式岩性油藏大面积含油，异常高压和孔隙结构共同控制该类油藏的含油性。延长组中下组合源储关系主要有近源配置、源储接触配置和源内配置油藏，视电阻增大率高于次生低充注和近源中等充注模式油藏。如源下西峰油田长 8、姬塬油田长 8_1 等高充注模式油藏，一般源储距离小于 50m，电阻率平均分布在 $30 \sim 100 \Omega \cdot m$，油层的视电阻增大率主要分布在 $4 \sim 8.2$ 之间，主要发育高阻、高对比度油层；源上华庆地区长 6_3 高充注油藏，一般源储距离小于 50m，电阻率平均值分布范围为 $20 \sim 50 \Omega \cdot m$，油层的视电阻增大率主要分布在 $3.8 \sim 5$ 之间，一般发育高阻油层。姬塬油田长 7 属源内自身自储配置模式，原油在异常高压的驱替下直接进入长 7 的致密砂岩中形成高充注致密油藏，储层电阻率为 $20 \sim 200 \Omega \cdot m$，一般发育中—高阻油层，油层的视电阻增大率主要分布在 $3 \sim 5$ 之间，视电阻增大率较高。高充注油藏含油性最好，电阻率、视电阻增大率呈现高值。

　　盆地中西部、东北部延长组中—上组合长 4+5、长 6 发育大面积的中等充注模式岩性油藏，该类油藏距离烃源岩较远，储层品质及运移通道控制储层的含油性。如盆地中西部姬塬油田长 4+5 中等充注模式油藏，原油以垂向向上运移为主至姬塬油田长 4+5，一般距生油层距离 $80 \sim 120m$，电阻率平均值分布范围为 $17 \sim 40 \Omega \cdot m$，油层的视电阻增大率主要分布在 $1.8 \sim 3.4$ 之间，一般发育中—高阻油层，部分存在低对比度油层；盆地东北部的安塞、靖安等油田则是原油从生油岩中心以不整合面或连续分布的砂岩远距离侧向运移并聚集到长 6 油组，形成岩性油藏或构造—岩性油藏，源储距离相对较远，电阻率分布范围为 $15 \sim 35 \Omega \cdot m$，油层视电阻增大率主要为 $1.8 \sim 2.9$，一般发育中—低阻油层，以低对比度油层为主。

　　如图 1-8 所示，湖盆中心陇东、华庆等地区长 6—长 8 源内、源储接触高充注油藏视电阻增大率主要分布在 $4 \sim 16$ 之间，视电阻增大率较高；姬塬地区长 4+5、长 6 近源中等充注油藏视电阻增大率主要分布在 $4 \sim 8$ 之间，视电阻增大率中等；盆地延长组长 9—长 10、长 1—长 3 及侏罗系延安组为源储分离低充注油藏，视电阻增大率主峰位置主要分布范围为 $1 \sim 4$，发育低对比度油层。总体上看，随源储垂向、侧向距离的增加，视电阻增大率有逐步降低的趋势，源储分离低充注油藏视电阻增大率最低，近源中等油藏视电阻增大率中等，源内、源储接触高充注油藏视电阻增大率最高。

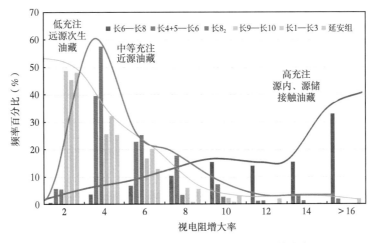

图 1-8　中生界油藏储层视电阻增大率平均值分布图

三、不同充注模式油藏含油性主控因素

1. "源—相—力" 耦合控制储层含油性

油藏中油水的分布主要取决于油源的供给，储集空间"相"和成藏动力三种因素的综合作用。

"源"主要为盆地湖盆中心广泛分布的优质烃源岩，烃源岩生排烃范围控制了原生油藏分布范围。盆地中生界长 7 油层组为延长组主力生油岩，长 7 高阻泥岩厚度一般为 30~50m，厚度大分布稳定，且具有很高的生烃强度。据史建南、张润合等对盆地油源分析对比结果表明，盆地烃源岩以长 7_3 烃源岩贡献为主，部分地区长 7_2、长 8、长 9、长 4+5 有机质贡献为辅。姬塬地区西南部、华庆—合水地区位于有效烃源岩生烃强度较大的区域，其中姬塬地区南部、华池地区位于区内生烃最强部位，生烃强度大于 $500×10^4t/km^2$，庆城地区和正宁地区均位于生烃中心侧翼，无疑为以上地区近源、源内优质油藏提供了得天独厚的物质条件，为储层的高饱和度提供了油源基础。

"相"指储集体类型及物性条件，在一定条件下形成的、能够反映特定环境或过程的产物。在原油成藏中，"相"为原油运聚成藏的介质条件，孔隙度、渗透率或孔隙结构是反映储层介质最常用的储层参数，其大小或均质性控制了储层接纳原油的能力。如高充注模式下的陇东长 6—长 8 油藏，其原油分布于源岩区内的浊积砂体与三角洲前缘水下分流河道、河口坝砂体中，其分布主要受沉积相带和砂岩储层展布所控制。油藏解剖表明，油层主要沿主砂带分布，砂体主带油层厚度大、分布稳定、含油性好，向两侧随着砂体变薄、物性变差，油层逐渐变薄或含油性变差，由纯油层逐渐过渡为差油层或干层。因此，有利的"相"带组合，有利于成藏，为原油的充注提供了良好的聚集场所。

"力"为原油运移的动力，流体在储层中运移的动力为过剩压力、自身浮力与重力、毛细管阻力等的综合力，主要动力为长 7 的生烃增压产生的过剩压力。同一成藏动力条件下，原油充注成藏过程中原油等流体突破储层进/出口界面的抵抗力（突破压力）存在差异，运移一定的距离选择性地进入优质储集体。将原油的这种突破作用和选择性充注归因于储层介质属性（物性与孔隙结构）、过剩压力和两者之间的耦合作用。源储间高过剩压力梯度是低渗透高饱和度岩性油藏形成的动力条件，并控制着成藏的规模和效率。石油自生油层进入储层后，在地层异常压力控制下沿着微裂缝和连通砂体共同构成的输导体系发生顺层和穿层运移。原油成藏过程遵循能量定律，能量场的分布决定了原油运移方向、方式和聚集部位。控制地下流体运动的力包括浮力、水动力、毛细管力、构造力、热力以及超压（过剩压力）等，对于低渗透致密岩性油藏来说，成藏动力主要来源于过剩压力，阻力主要为毛细管力，浮力作用较弱。

油藏形成过程中，原油首先进入与较大孔隙喉道连接的大孔隙中，随烃类物质产生的剩余压力（驱替力）的增加，原油将逐步进入更小的孔隙喉道。低渗透致密油藏孔隙结构较差，大孔粗喉孔隙较少，以小孔细喉为主，原油成藏需较高的过剩压力梯度。湖盆中心长 8、华庆地区长 6 的大面积优势砂体与长 7 烃源岩大面积接触，高过剩压力差使原油充注到较小的储集空间中，有利于源储接触配置模式砂体形成高充满度的油藏。随着源储距离的增加，远离烃源岩的长 4+5、长 3 过剩压力逐步衰减，原油不能进入更小的喉道，原油富集程度较差，充满度相对较低。过剩压力差随着源储距离的增加逐步衰减，到长 3 以

上，浮力为油气运移的主要动力。源下浮力是阻力，油气运移距离较近；源上浮力是动力，油气运移距离较源下远，在浮力为主要成藏动力条件下，原油的充注程度主要受油柱高度控制，油柱高度越高，油藏的充满度越高。

2. 源内高充注模式致密油藏的"源—相—力"耦合特征

高充注模式源内组合长 7 主要发育三角洲相和湖泊相沉积相，三角洲前缘的水下分流河道砂体及半深湖—深湖相重力流沉积砂质碎屑流、浊流三类储集砂体。长 7_1 发育优势相为三角洲砂体、半深湖—深湖重力流沉积砂体；长 7_2 发育优势相为三角洲平原、前缘分流河道砂体、半深湖—深湖重力流沉积砂体；长 7_3 发育优势相为三角洲平原和三角洲前缘砂体，而半深湖—深湖相浊积砂体不发育。三角洲前缘水下分流河道砂岩的物性相对较好，而半深湖—深湖重力流砂岩物性普遍较差（表 1-4）。长 7_2 亚油层组和长 7_1 亚油层组是致密油发育的主要层段。

表 1-4　延长组长 7 不同沉积微相油层段物性特征统计表

沉积微相	代表井 （口）	油层数 （层）	平均孔隙度 （%）	平均渗透率 （mD）
三角洲前缘	17	31	10.79	0.3
半深湖—深湖重力流	17	41	7.67	0.06

湖盆中心长 7_2 和长 7_1 油藏油源主要来自长 7_3 优质烃源岩，油源十分充足，源储配置好（图 1-9），烃源岩生排烃过程中产生大量气体和液体，使流体体积增加，从而在岩石孔隙中形成高于静水压力的过剩压力，原油通过源储接触面排出，排出后的原油会优先被相对高孔、高渗的优质砂体捕获，原油在源储压差的多次驱动下，会在相对优质砂体内发生相对短距离的垂向和侧向运移，并在遮挡条件较好的地方形成了下生上储式源储组合的原生油藏。该区长 7_2 和长 7_1 砂体较为发育，长 7_2 底部砂体与下伏长 7_3 烃源岩大面积接触，其源储接触有利于下部长 7_3 烃源岩生成的油直接进入长 7_1、长 7_2 优势储层中，长 7_2 储层物性优于长 7_1 储层，长 7_2 油藏含油面积较大，含油丰度也较长 7_1 好。鄂尔多斯盆地延长组长 7 油藏的分布主要受控于油源、过剩压力、优势相的良好配置，油藏在优势砂体区油层分布稳定，横向连续性好（图 1-10）。

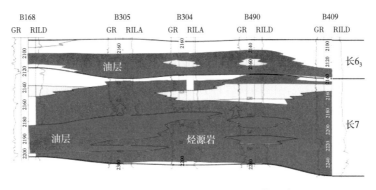

图 1-9　湖盆中部延长组长 6—长 7 成藏示意图

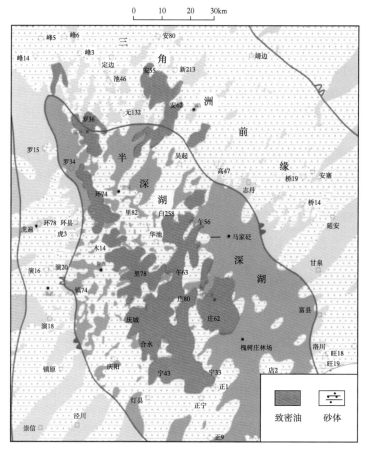

图 1-10　鄂尔多斯盆地长 7 致密油分布示意图

3. 源储接触高充注油藏的"源—相—力"耦合特征

延长组长 6、长 8 超低渗透砂岩油藏为近源组合大面积成藏，与优势砂体的展布、长 7 过剩压力、烃源岩条件息息相关。延长组长 6 与长 8 沉积期间广泛发育三角洲前缘水下分流河道砂体及深湖浊积砂体。这些砂体与长 7 主力烃源岩广覆式直接接触，长 7 优质烃源岩分布稳定、展布范围广、生烃量大、排烃动力强，长 7 烃源岩生排烃产生的强大的体积膨胀力使长 7 与长 6、长 8 的储集体之间产生较大的过剩压力差为 10~15MPa，作为原油排烃的动力，克服毛细管力排出储层中的滞留水，进入长 6—长 8 三角洲砂体与浊积砂体为主的优势砂岩储层。长 7 有效烃源岩生成的烃类在过剩压力的作用下克服重力、毛细管力向上运移，当压力较高时即使砂体连通性较差也可以突破阻力进入较差的储层，而随着石油运移的动力逐渐降低，原油只能沿着连通性好的砂体运移。当储层发育张开的微裂缝时，高压油流沿微裂缝充注到储层，然后在浮力作用下进行再分异。原油以"烃源岩—连通砂体—优势相"连续式充注和"烃源岩—微裂缝—储层"幕式充注两种方式进入优势砂体，形成了延长组长 6—长 8 大面积的低渗透高充注油藏。

4. 垂向近源中等充注油藏的"源—相—力"耦合特征

远源中等充注代表油藏主要为姬塬油田长 4+5 油藏，其油源来自长 7 烃源岩，原油通过裂缝面沿长 7 运移至长 4+5、长 6，裂缝发育区域为排烃点，平面上多点充注，原油克服重力运移至长 4+5 动力逐渐减弱，再沿高渗透优势砂体向四周短距离运移。利用声波时差计算该区的过剩压力表明：长 4+5、长 6 大部分储层存在过剩压力高值区，剩余压差可达 10MPa，剩余压差高值区有利于原油驱替储层中毛细管水而成藏，且充注程度相对剩余压差低值区高。长 4+5 储层剩余压力差较长 6—长 8 逐渐降低，导致油源的充注能力减弱，这是姬塬油田长 4+5 储层充注程度低于湖盆中心长 6—长 8 储层，源储压差降低使储层中滞留水充注不彻底，是储层产水比例较近源油藏高的主要原因。

陕北地区长 6 油藏原油聚集主要为长 7 的原油在区域西倾斜坡大构造背景下，在异常高压和浮力的作用下克服重力，沿砂体叠置及微裂缝呈阶梯状爬坡式运移至储集体中（图 1-11），长 4+5 区域性的泥岩作为盖层，形成较好的旁生侧储油藏，油藏充注程度中等，部分地区发育低充注油藏。

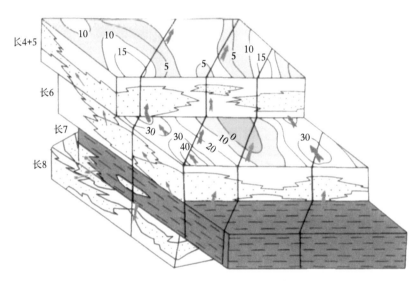

图 1-11 陕北地区延长组石油沿连通砂体运移模式

5. 源外低充注油藏的"源—相—力"耦合特征

源外低充注油藏的典型代表为镇北地区长 3、姬塬油田长 2 和侏罗系油藏。沉积相研究表明，镇北地区长 3 油藏主要受控于两个浅水湖泊三角洲沉积体系，发育三角洲平原相和三角洲前缘相，其中分流河道和水下分流河道为该层的主要储集砂体，呈网状分布，规模较小，区域性较差。长 7_3 的油源在异常高压下克服重力沿运移通道裂缝、断层及渗透性较好的砂层或其组合进入优势砂体，形成低充注油藏。

姬塬油田长 2 主要发育三角洲平原亚相，分流河道为原油主要聚集场所。长 2 下伏层位中局部发育的裂缝系统及垂向叠置的砂体是延长组长 7 烃源岩生成原油向上运聚的通道；长 7 烃源岩生成的石油沿输导体系运移至长 2 储层，以垂向运移为主，并在长 2 低渗透砂体中发生局部小规模的侧向运移；长 7 烃源岩层段的异常压力和原油的浮力是烃源岩生成产物沿裂缝及垂向叠置砂体向上运移的动力，浮力也可以使石油在长 2 储层内部发生小范围侧向运移。烃源岩分布、垂向裂缝系统的发育程度、单斜背景下鼻状隆起和储层渗透率共同控制该类低充注油藏的发育程度。

侏罗系发育河流和三角洲沉积体系，延安组延 10、富县期发育河流沉积相，以河流边滩相和河床滞留亚相为主。天然堤、边滩和河漫滩为延 10、富县优势储集砂体。延 9 及以上地层主要发育缓坡三角洲沉积体系，分流河道和分流间洼地微相，以中—细粒砂岩为主，延 8、延 9 的分选性好于延 10、富县。分析表明，侏罗系油藏油源主要来自长 7 烃源岩，原油在浮力作用下克服重力和毛细管阻力，靠古河道输导、裂缝沟通进入优势相，侏罗系油藏孔隙度分布在 12.53%～16.05% 之间，渗透率主要分布在 34.26～127.88mD 之间，局部地区渗透率高达 1000mD，储层物性很好。因此，前侏罗系古地貌的古斜坡、河间丘、古高地等构造较高的古地貌单元对侏罗系油藏有一定的控制作用。图 1-12 为延安组 11 个储量提交区含油饱和度与储层孔隙结构、油柱高度关系图，从图中可以看出，油柱的高度越高，储层孔隙结构越好，含油饱和度越高。充分说明油源一定的情况下，构造油藏油柱高度和孔隙结构共同控制储层含油性。

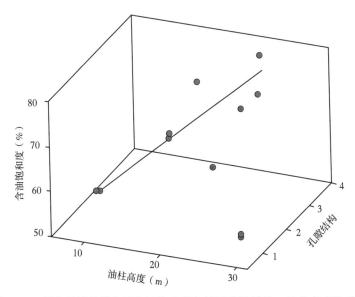

图 1-12 延安组储量提交区含油饱和度与储层孔隙结构、油柱高度关系图

四、低渗透油藏饱和度分布规律

低渗透构造油藏的饱和度分布受油、水、孔隙结构系统所控制，原油运移到有利圈闭处，由于重力分异、水动力及自身浮力作用，原油首先进入油藏顶部与较大孔隙喉道联通的大孔隙中，随着驱替力的增加，原油逐渐进入小孔隙中，因此构造油藏内油柱高度、孔隙结构、油水密度差共同控制含油饱和度分布规律。基于浮力和重力的共同作用，可以确定浮力成藏的物性下限，从而分析不同充注模式油藏油水分异特征。利用成藏动力与毛细管阻力平衡，分析不同油藏饱和度分布规律。

1. 浮力成藏下限

浮力作用具有永恒性，在浮力作用下，油水分异与否受喉道大小控制。当浮力大于毛细管阻力时形成油水分异。储层中浮力（$F_浮$）的计算公式：

$$F_浮 = \Delta \rho g H \qquad (1-8)$$

式中 $\Delta \rho$——油水密度差，g/cm³；

　　g——重力加速度，m/s^2；

　　H——油柱高度，m。

毛细管压力（p_c）为：

$$p_c = \frac{2\sigma\cos\theta}{r_c} \qquad (1-9)$$

式中　p_c——毛细管压力，MPa；

　　　　σ——两相间界面张力，mN/m；

　　　　θ——润湿接触角，（°）；

　　　　r_c——毛细管半径，μm。

由于浮力成藏是毛细管压力和浮力平衡的结果，所以由式（1-8）、式（1-9）可以得：

$$r_c = \frac{2\sigma\cos\theta}{\Delta\rho g H} \qquad (1-10)$$

假设储层平均孔径为最小油柱高度，可以得到油水分异的最小喉道半径：

$$r_{cmin} = \frac{2\sigma\cos\theta}{\Delta\rho g D} \qquad (1-11)$$

式中　D——最小油柱高度，m。

以单个孔隙尺寸作为最小含油高度，可推导出油水分异的储层渗透率下限为 2~3mD，定义为浮力成藏下限。

根据延长组不同层位 132 个已探明油藏平均物性分布情况可以看出：长 4+5—长 8 岩性油藏平均渗透率一般小于 3.0mD；长 3—长 1 构造—岩性油藏平均渗透率一般大于 2.0mD（图 1-13），与式（1-11）推导结果基本一致。

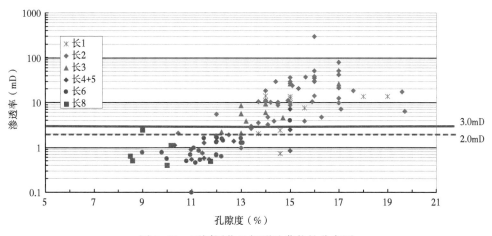

图 1-13　不同层位已探明油藏物性分布图

储层中油水分异特征如图 1-14 所示，渗透率从高到低，存在完全分异、不完全分异、不分异序列。盆地中生界中下组合长 6—长 8 油藏属于高充注低渗致密岩性油藏，储层渗透率极低，一般低于 1mD，剩余压差产生的成藏动力远远大于自身浮力，原油分布受构造高低控制不明显，这类储层成藏后油水无分异，也无油水界面，原油的赋存形式以游离态、吸附态、游离态—吸附态为主；盆地长 3 油藏为弱构造—岩性低充注油藏，渗透率一般为 2~3mD，原油分布受剩余压差、自身浮力共同控制，该类油藏存在大喉道不完全分异，部分储层具有油水分异；根据渗透率大小及油藏构造特征，盆地长 2 以上及侏罗系油藏可以分为构造油藏、岩性—构造油藏、构造—岩性油藏。这些油藏渗透率一般大于 3mD，油水完全分异，具有统一的油水界面，形成上油下水的特征。

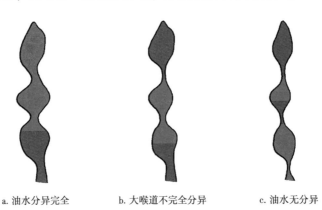

a. 油水分异完全　　　　　b. 大喉道不完全分异　　　　　c. 油水无分异

图 1-14　喉道与油水分异示意图

2. 低渗透致密岩性油藏饱和度分布

鄂尔多斯盆地高充注油藏主要包括湖盆中心源内高充注油藏长 7、近源高充注油藏长 8 及长 6。低渗透致密岩性油藏成藏的主要驱动力（p_D）为剩余压差，主要阻力为毛细管力（p_c），两者的平衡决定了原油最终能够充注到多大的孔喉系统，则有：

$$p_D = p_c = \frac{2\sigma\cos\theta}{r_c} \tag{1-12}$$

式中　p_D——成藏动力，MPa。

J 函数可以用下式来表达：

$$J(S_w) = \frac{p_c}{\sigma\cos\theta}\left(\frac{K}{\phi}\right)^{\frac{1}{2}} \tag{1-13}$$

式中　$J(S_w)$——J 函数，无量纲；

　　　K——空气渗透率，mD；

　　　ϕ——孔隙度，%。

假设 $J(S_w)$ 函数与含水饱和度的关系为：

$$J(S_w) = aS_w^b \tag{1-14}$$

式中　a，b——经验系数，无量纲。

由式（1-12）至式（1-14）可得到：

$$S_w = \left(\frac{1}{a\sigma\cos\theta}\right)^{-\frac{1}{b}}\left(p_D\sqrt{\frac{K}{\phi}}\right)^{-\frac{1}{b}} \tag{1-15}$$

令 $A = \left(\dfrac{1}{a\sigma\cos\theta} \right)^{-\frac{1}{b}}$，可得到低渗透岩性油藏饱和度计算模型：

$$S_{\mathrm{w}} = A\left(p_{\mathrm{D}}\sqrt{\dfrac{K}{\phi}} \right)^{-\frac{1}{b}} \tag{1-16}$$

式中　A——待定系数，无量纲。

图 1-15、图 1-16 是由压汞曲线转换后得到的 J 函数与 S_{w} 的关系图，从图可知，姬塬油田长 8_1、长 8_2 的 J 函数与 S_{w} 的关系分别为：

$$J(S_{\mathrm{w}}) = 1368.7 S_{\mathrm{w}}^{-2.509} \tag{1-17}$$

$$J(S_{\mathrm{w}}) = 647025 S_{\mathrm{w}}^{-3.8749} \tag{1-18}$$

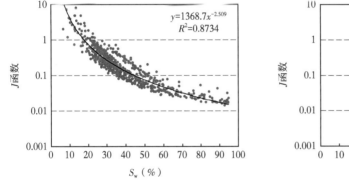

图 1-15　姬塬长 8_1 含水饱和度和其 J 函数关系图　　图 1-16 姬塬长 8_2 含水饱和度和其 J 函数关系图

基于式（1-13）、式（1-14），油水界面张力取 $\delta_{\mathrm{ow}} = 25\mathrm{mN/m}$，$\theta_{\mathrm{ow}} = 0$，得到姬塬油田长 8_1、长 8_2 的饱和度计算公式：

$$S_{\mathrm{w}} = 65.14\left(p_{\mathrm{D}}\sqrt{\dfrac{K}{\phi}} \right)^{-0.39857} \tag{1-19}$$

$$S_{\mathrm{w}} = 72.23\left(p_{\mathrm{D}}\sqrt{\dfrac{K}{\phi}} \right)^{-0.25807} \tag{1-20}$$

由式（1-19）、式（1-20）可知，低渗透致密岩性油藏含油饱和度与储层品质指数 $\sqrt{K/\phi}$、成藏动力成正比，即成藏动力越强，储层品质越好，储层的含油性越好。

砂体的层内非均质性、储层品质和砂泥岩的组合、源储配置不同，砂层的纵向、横向含油性各异。下面以单井和多井的源储配置举例说明饱和度的分布规律。如图 1-17 所示，Ch453 井长 8_2 段 2270.5~2272.2m、2278.7~2284.0m、2287.8~2290.5m 处孔隙度平均值为 14.5%，渗透率为 0.1~1mD，从岩心照片看，2270.5~2272.2m 处含油性最好，2278.7~2284.0m 次之。2273.8~2278.7m、2284.0~2287.8m 为渗透率小于 0.1mD 的储层，基本不含油，充分说明纵向非均质性控制储层含油性。

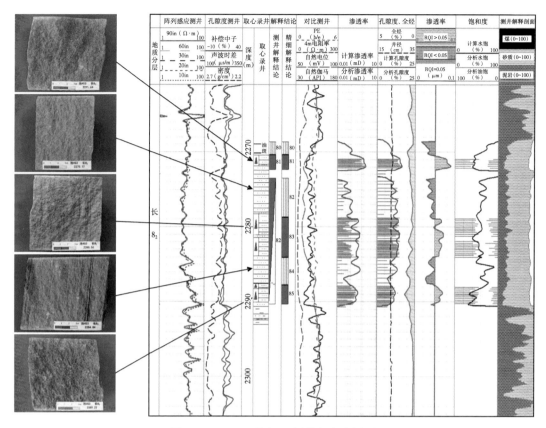

图 1-17　Ch453 井长 8_2 测井解释成果图

　　延长组长 6—长 8 超低渗透致密砂岩高充注油藏为源储接触或源内组合油藏大面积成藏，长 4+5 为低渗砂岩近源中等充注油藏，这些岩性油藏的含油饱和度与优势砂体的展布（相）、源储压差（力）、烃源岩条件（源）息息相关。长 7 的烃源岩对盆地长 6—长 8 油藏有一定的控制作用，图 1-18 为盆地西北部长 7 过剩压力与长 8、长 6、长 4+5 储量区、有利区分布的叠合图，从该图可知，长 7 优质烃源岩生烃膨胀所产生的强大过剩压力，长 4+5 到长 8 油藏主要叠合在长 7 具中—高过剩压力区。图 1-19 为盆地西北部长 8 过剩压力与长 8 储量区、有利区叠合图，从图上可以看出，相同条件下，储层过剩压力越低，形成的源储压差越大，储层含油性越好，含油饱和度越高。

　　本书以姬塬油田长 8 为例说明非浮力成藏的低渗透岩性油藏饱和度分布规律。图 1-20 为 JY 油田 G73—L24 井区 L209 井—L12 井延长组长 8_1 储集体（相）和长 7 烃源岩（油源）之间的剖面图，该区长 7 优质烃源岩生烃作用强，生烃膨胀所产生的强大超压，最大值为 25MPa，而长 8 为 10~15MPa，长 6 为 5~10MPa，生油岩为高压体系，储层为低压，存在明显的源储压力差，为原油向下、向上运移提供了动力。G73 井—L24 井长 8_1 砂体属三角洲前缘水下分流河道沉积微相，储层孔隙较为发育，特别是长石溶孔发育，物性较好。孔隙度一般为 7%~10 %，平均孔隙度为 8.5%；渗透率一般介于 0.2~2mD，平均渗透率为 0.61mD，是本区低渗透储层中很好的储集体。从油藏连井剖面图（图 1-20）可以看出，烃源岩品质 TOC（第 4 道黑色充填部分，填充面积越大，值越高）越好，储层渗透

20

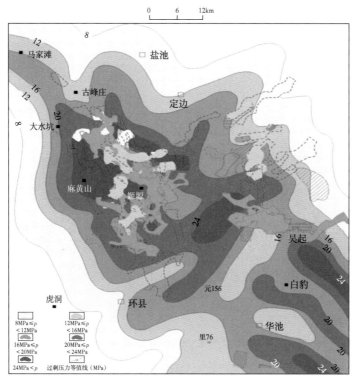

图1-18 盆地西北部长7过剩压力与长8、长6、长4+5储量区、有利区分布示意图

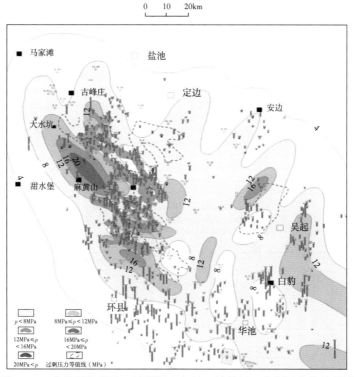

图1-19 盆地西北部长8过剩压力与长8储量区、有利区分布示意图

率（单井第二道黄色充填部分，填充面积越大，值越高）越好，源储距离越近（图中红色线与烃源岩底部的距离）的储层，电阻增大率（粉色线包络渐变充填）越高，含油性越好，试油产量越高。

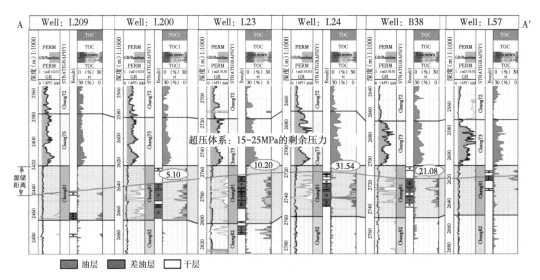

图 1-20　X 区 G73—L24 井区 L209 井—L12 井延长组长 8₁ 连井剖面图

　　从 Y 地区 H3—L1 井区的 H42 井—L108 井延长组长 8₁ 连井剖面图（图 1-21）可以看出，H41 井—H117 井砂体属三角洲平原分流河道，储层物性相对较好；H240 井砂体属三角洲平原分流间洼地，砂体不发育；G276 井—L108 井砂体属三角洲前缘水下分流河道，储层物性相对较好。长 7 烃源岩（单井第 4 道黑色充填部分）越好、储层渗透率（单井第 2 道黄色充填部分）越好、源储距离越近（图中红色线与烃源岩底部的距离）的储层，电阻增大率（粉色线包络渐变充填）越高，含油性越好，试油产量越高。如 L1 井和 G276

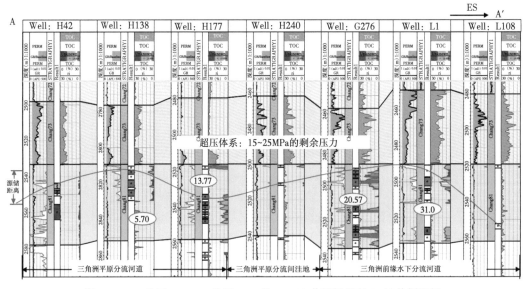

图 1-21　Y 地区 H3—L1 井区 H42 井—L108 井延长组长 8₁ 连井剖面图

井储层烃源岩厚度大，TOC 较高，烃源岩的丰度较好，储层的渗透率最高为 0.8mD，具有渗流优势通道，储层距离烃源岩的距离为 10～50m，长 7 生烃增压形成的异常高压是原油进入优势储集体中，储层的含油性较好，视电阻增大率较高，试油产量分别达到 31.1t/d，20.57t/d。

图 1-22 为 A 地区 L211 井—B104 井长 8₁ 油藏剖面图，L211 井的长 8₁ 渗透率为 0.16mD，测井解释为干层，压裂试油产量为 0；G73 井长 8₁ 渗透率为 1.08mD，测井解释为油层，试油产量为 31.45t/d；G245 井长 8₁ 渗透率为 0.82mD，测井解释为油层，渗透率略差于 G73 井，试油产量为 20.62t/d。从 L211 井—B104 井剖面看，渗透率好（黄色直方图）的油层段，试油产量较高（红色直方图），储层的横向非均质性一定程度上控制着储层的含油性，优势储层含油性较好。

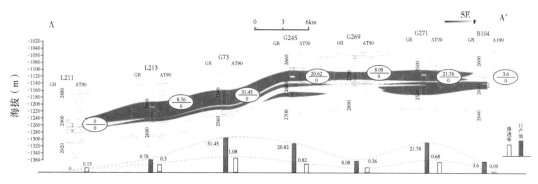

图 1-22 A 地区 L211 井—B104 井长 8₁ 油藏剖面图

从上述姬塬地区长 8₁ 油藏的剖面图分析可知，长 7 烃源岩越好，源储距离越近，源储压差越大，储集体孔隙结构越好的储层，含油性越好，储层含油饱和度越高。

3. 构造—岩性油藏饱和度分布

对于长 3 以上构造—岩性油藏，发育高孔、高渗透砂岩储层，在同一沉积单元内，储层的孔隙结构相对均质，原油藏形成过程受原油、水、孔隙系统所控制，原油在浮力作用下首先进入与较大孔隙喉道连接的大孔隙中，然后随烃类物质驱替力的增加，原油逐步进入更小的孔隙喉道。因此，储层中烃类物质的分布是驱替动力和毛细管阻力平衡的结果，而毛细管阻力的大小与孔隙结构密切相关。根据毛细管阻力与成藏动力平衡得到：

$$\Delta\rho g H = \frac{2\sigma\cos\theta}{r_c} \tag{1-21}$$

由式（1-13）、式（1-14）及式（1-21）得到饱和度公式如下：

$$S_w = \left(\frac{\Delta\rho g}{a\delta\cos\theta}\right)^{\frac{1}{b}} \left(H\sqrt{\frac{K}{\phi}}\right)^{\frac{1}{b}} \tag{1-22}$$

定义油水分异系数： $\qquad a = \left(\frac{\Delta\rho g}{a\delta\cos\theta}\right)^{\frac{1}{b}} \tag{1-23}$

由式（1-22）、式（1-23）可得：

$$S_w = a\left(H\sqrt{\frac{K}{\phi}}\right)^{\frac{1}{b}}$$ (1-24)

式（1-24）中待定系数 b 由压汞曲线与 J 函数转换成图 1-15 的形式可以获得，a 可以由油水密度分析资料获得。从式（1-24）可知，构造—岩性油藏的含油饱和度与油柱的高度及储层的孔隙结构、油水密度差有关。

举例说明构造—岩性油藏饱和度分布规律。姬塬油田延安组延 9—延 10 油藏幅度低，一般小于 30m，储层砂岩物性相对好，地层水密度为 1.06g/cm³；原油密度（地面）平均为 0.845g/cm³，地下原油密度约为 0.78g/cm³，油藏条件下油水密度差为 0.28g/cm³。实验室、地层条件下的表面张力及润湿角分别取值为 $\sigma_L = 480$mN/m、$\sigma_R = 30$mN/m，$\theta_L = 140°$、$\theta_R = 0°$，根据毛细管理论公式换算得：

$$H = 25.32(p_c)_L$$ (1-25)

$$(p_c)_R = 0.0028H$$ (1-26)

利用上述 p_c—H 转换公式，将不同孔隙结构条件下实验室的毛细管压力曲线（p_c—S_w）转换为油藏自由水平面上高度与含油饱和度关系（图 1-23）。如图 1-23 所示，油藏中不同含油高度、不同孔隙结构储层饱和度分布规律不同。长 2_1 油藏油柱高度最高为 30m，对于该层孔隙结构最好的储层，其含油饱和度最高可达 65% 左右；孔隙结构较好的储层，其含油饱和度最高为 48% 左右。

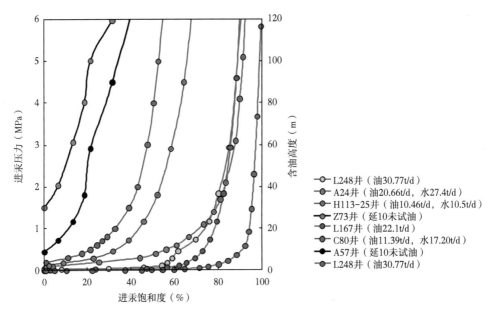

图 1-23　侏罗系毛细管压力曲线与油藏含油高度图

通过前面对油藏饱和度分布规律的论述得知：一个圈闭内的储层要产纯油，必须有一定高度的闭合度，使得砂岩中的含油饱和度达到出油界限之上，如果该圈闭达不到产纯油的最小闭合高度，则只可能油水同出或以产水为主。在姬塬油田延安组低幅度构造且物性较差的储层的含油气评价中，确定每类油藏最小闭合高度具有现实意义。对于 $K>10mD$ 的好储层，经试油验证纯含油层段饱和度界限为 55% 左右，对应最小含纯油的闭合高度 ≥ 10m；对于 $1mD<K<10mD$ 的中等储层，经试油验证纯油层段饱和度界限为 45% 左右，对应最小含纯油的闭合高度 ≥ 15m。即物性（渗透率）差的储层，其纯油界面距自由水平面高，油水过渡带长，所需最小闭合高度大。另外，油水密度差的大小也将明显影响油水过渡带的长短，油水密度差越大，则油水过渡带越短。

如图 1-24 所示，随单井油柱高度的增加，油层电阻率有增大的趋势；如图 1-25 所示，随单井油柱高度的增加，油层视电阻增大率也有增加的趋势，说明构造油藏油柱高度对含油性有一定的控制作用。

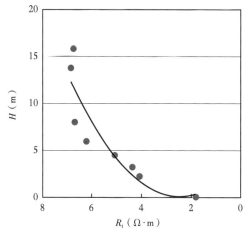

图 1-24　侏罗系油藏油柱高度 H 与油层
电阻率交会图（8 口试油井）

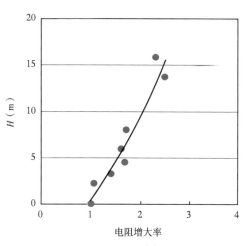

图 1-25　侏罗系油藏油柱高度 H 与电阻
增大率交会图（8 口试油井）

根据前面分析，油藏海拔对含油性有一定的控制作用。利用 C 井区延 10 的 74 口井 74 个层点的油藏底海拔和计算孔隙度做交会图如图 1-26 所示，可以看出油层海拔对构造油

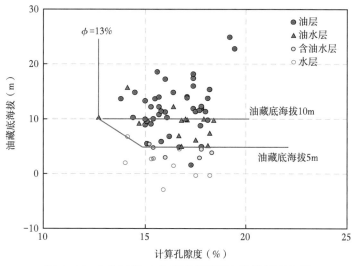

图 1-26　C 井区延 10 油藏海拔高度与孔隙度交会图

藏流体性质油层、油水层和水层的判识具有重要意义。

如图1-27所示，L167井延安组延10段1770.8~1779.0m处孔隙度平均值为15.6%，渗透率平均值达到360.12mD，孔隙结构指数为49，从岩心照片（左侧红色）看，岩心粒度较粗，呈黄色，显示含油性好，且储层电阻率高达55.68Ω·m，也显示含油性最好，油柱高度为8.2m。而本井1779.0~1790.4m井段，岩石粒度逐渐变细，取心描述含油级别为油斑。孔隙度略微变小，渗透率与上部含油层段相差较大，平均值为80.5mD，孔隙结构指数为2.3，储层电阻率为12Ω·m，显示含油性较差。说明同一构造—岩性油藏储层孔隙结构主要控制储层含油性。

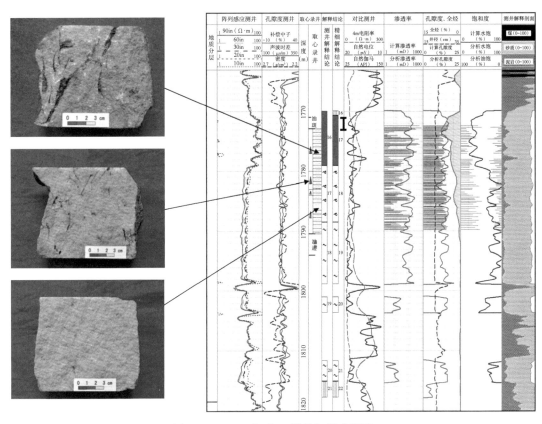

图1-27　L167井延10测井解释成果图

通过以上分析表明，油藏中油柱越高，油水密度差越大，孔隙结构越好，含油饱和度越高。同一油藏或邻近油藏测井解释时，物性—电阻率—油藏海拔高度结合有助于准确判识构造—岩性油藏储层流体性质。

第三节　不同充注模式油藏测井解释方法

不同充注模式油藏形成的原因、饱和度分布规律、有效储层下限变化规律不同，流体性质判识方法也不一样，本节梳理了中生界主要油藏测井响应特征和针对性测井解释方法，针对不同充注模式油藏归纳总结了鄂尔多斯盆地中生界主要目的层不同充注模式油藏储层流体性质测井识别及定量评价方法。

一、盆地中生界油藏测井解释方法概述

盆地中生界测井解释方法主要有测井常规图版法、细分解释单元图版法等常用的流体性质识别基本方法；核磁共振孔隙结构分析法，三孔隙度指数（TPI）法等基于孔隙结构评价的低渗透致密储层流体性质判识方法；界限层 Fisher 判别法、视地层水电阻率正态分布法、阵列电阻率梯度因子法、视电阻增大率法、测井—全烃联合解释法等低对比度、复杂油水层测井解释方法。本节对各种识别方法进行概述，分析不同方法的侧重点，以便于在不同充注模式油藏测井解释中选择性应用。

测井常规图版法主要是将常规测井曲线中的孔隙度曲线，密度、声波时差曲线及其对应的孔隙度计算值与反映含油性的电阻率进行交会，一般横坐标为孔隙度曲线小层值，纵坐标为电阻率，这是测井流体性质识别中的基础图版，对于油水关系不复杂的储层，该方法识别效果较好，在盆地中生界均有应用。该方法简单、快捷，是储量计算中求取电性下限的一种主要方法。但是该方法中因电阻率受孔隙结构、地层水矿化度影响，导致电阻率反映储层含油性不确定性时适应性较差。

细分解释单元图版法建立测井解释图版的情况有：（1）在勘探阶段，同一区块同一层位，由于各砂岩带的“四性”关系的差异，各小的解释单元的试油电性下限不同，同一层位做一个整体的图版导致界限层附近油层、油水层、水层资料点不能有效区分，容易造成漏判或解释结论偏高；（2）随着探井、评价井、开发井的井密度逐渐增加，新的问题不断出现，原有的测井解释图版表现出一定的不适应性，测井解释单元需要从勘探单元、储量单元到油田开发单元转变，要求图版的精细程度更高，储层的含油下限也有可能变化。因此，需要根据储层“四性”关系差异，细分解释单元建立反映储层物性的测井曲线与含油性测井曲线交会图版，提高油层测井解释符合率。

核磁共振孔隙结构分析法主要利用岩石核磁共振 T_2 谱、T_2 几何平均值等标准谱及特征参数，能够很好地反映岩石的孔隙结构特征，构建一些反映储层孔隙结构的压汞参数或伪毛细管压力曲线，来评价低渗致密储层的孔隙结构。该方法主要在盆地长 6—长 8 高充注—致密储层测井评价中应用较广泛。三孔隙度指数法是在盆地湖盆中心长 6—长 8 储层距离油源近或储层位于源内，且为大面积幕式充注，储层的含油性主要受储层物性控制，研究中在一定刻度下基于三孔隙度曲线差异创新构建的三孔隙度指数，能较好地评价储层孔隙结构，应用效果较好。

随着鄂尔多斯盆地勘探的不断深入，发现了一些低对比度油层、复杂油水层，常规图版等方法适应性较差，这类储层是测井解释的重点和难点。针对这些低对比度油层、复杂油水层，研究中基于岩石物理配套实验，开展了其成因机理研究，提出了针对性的低对比度、复杂油水层等流体性质判识方法，来提高该类储层的测井解释符合率：（1）界限层 Fisher 判别法是将多维数据点投影到一条直线上降维，按方差分析优选最优投影方向，分类建立判别函数，该方法适用于低阻油层、测井界限层等目标储层的流体性质识别。（2）视地层水电阻率正态分布法是利用服从正态分布规律设计的一种评价地层含油性的统计方法，根据其统计曲线形态和斜率进行油水层判别。（3）阵列电阻率梯度因子法是基于钻井液滤液侵入地层导致阵列感应曲线值在径向上存在差异建立的

测井流体性质判识方法。该方法在盆地中生界长 3 以上的储层较为适用。（4）视电阻增大率法是岩石孔隙中含有油气时的电阻率比岩石孔隙中全部含水时的电阻率大，其增大的倍数叫作电阻增大率，因为在一些解释单元中，完全含水的储层较少，研究中利用 Archie 公式反算储层完全含水的电阻率曲线，获得视电阻率增大率。该方法能够消除物性对电性的影响，在低对比度油层、复杂油水层的流体性质判识中应用较广泛。（5）测井—全烃联合解释法是利用关键测井曲线的特征值与录井中的全烃相结合建立交会图版，解释中还要对储层全烃的基值、形态（箱形、尖峰、锯齿状等）进行分析综合解释储层的流体性质。该方法在盆地长 9—长 10 等复杂油水层中应用较广泛。

因此，针对不同油藏需要在"五性"（岩性、物性、含油性、电性、水性）关系分析的基础上，明确低渗透致密储层、复杂油水层、低对比度油层的成因机理，对电性关键因素进行深入剖析，辩证寻找适用的测井解释方法是提高测井解释精度的重要保障。

二、不同充注模式油藏测井响应特征

1. 高充注超低渗透致密油藏测井响应特征

高充注油藏主要发育在延长组长 8_1、长 7 和华庆地区长 6_3，该类油藏距离油源近，充注饱满，油藏饱和度高，砂体平面连续性好，含油面积大。该类油藏油层电阻率一般为 $30 \sim 100\Omega \cdot m$，电阻增大率一般大于 4，属于中—高电阻率储层，局部存在电阻率为 $20\Omega \cdot m$ 左右的油层；物性相对较差，分析孔隙度主要分布在 $6\% \sim 12\%$ 之间，渗透率主要分布在 $0.1 \sim 0.5mD$ 之间，该类油藏含油饱和度较高，一般为 $60\% \sim 82\%$。高充注低渗透致密岩性油藏的测井研究重点主要为孔隙结构及含油性评价，识别方法主要为测井常规图版法，核磁共振孔隙结构分析法、TPI 法。图 1-28 为高充注油藏典型油层。

2. 中等充注低渗透岩性油藏测井响应特征

中等充注油藏主要发育在姬塬油田长 4+5、长 6，安塞油田长 6 和陇东油田长 4+5，该类油藏距离油源较远，充注程度较低，含油性主要受物性的控制。该类油藏油层、油水层整体表现为中—低电阻率（$6.5 \sim 100\Omega \cdot m$），电阻率在 $7.5 \sim 50\Omega \cdot m$ 占 52%，电阻增大率一般分布在 $1 \sim 4$ 之间，局部地区发育高电阻率油层；孔隙度测井表现为中—低声波时差（$210 \sim 260\mu s/m$），中—低密度（$2.35 \sim 2.52g/cm^3$）特征，分析孔隙度主要分布在 $8\% \sim 14\%$ 之间，渗透率主要分布在 $0.5 \sim 5mD$ 之间，物性相对较好，含油饱和度一般为 50% 左右。该类油藏储层流体性质判识重点为测井界限层或低对比度油层的综合判识。图 1-29 为中等充注油藏典型油层。

3. 低充注构造—岩性油藏测井响应特征

低充注构造—岩性油藏主要发育在侏罗系、姬塬油田长 2、长 9，该类油藏距离油源远，充注程度低，单个油藏规模小，油水关系复杂，视电阻增大率低。该类油藏油层电阻率一般为 $3 \sim 20\Omega \cdot m$，电阻增大率一般为 $1 \sim 2$，属于低电阻率储层。图 1-30 为低充注油藏典型油层，其电阻率为 $10\Omega \cdot m$，该类油层的测井研究重点主要为低对比度油层的综合判识。

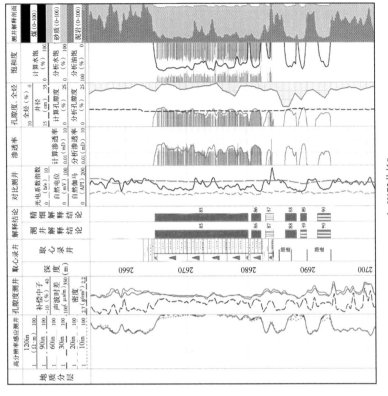

b. H173井长8₁

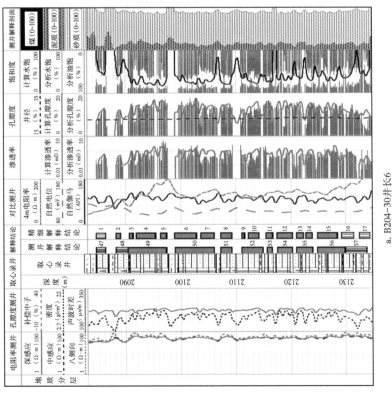

a. B204-30井长6

图1-28 延长组长6—8高充注油藏典型油层特征

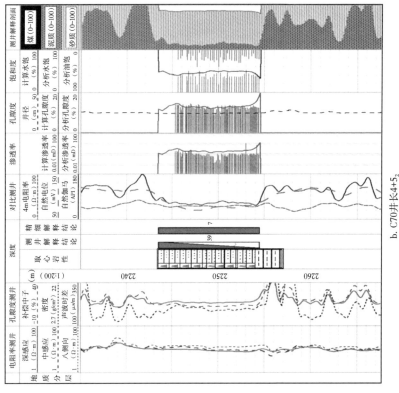

b. C70井长4+5₂

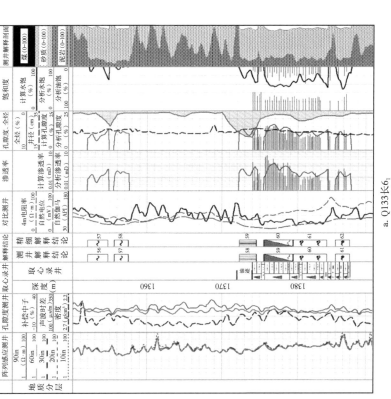

a. Q133长6₁

图1-29　延长组中等充注油藏典型油层特征

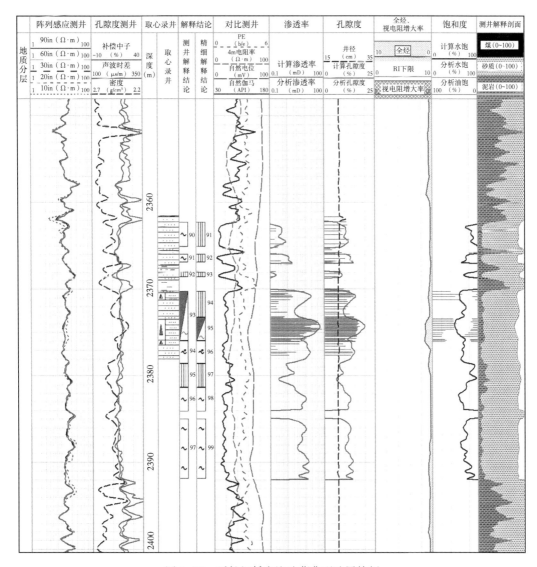

图 1-30　延长组低充注油藏典型油层特征

三、测井解释模式划分

如前所述，中生界油藏充注模式划分为高充注、中等充注和低充注三种类型，不同充注模式油层特征不同，测井响应特征也不一样，根据油层特征及流体赋存状态、物性及含油性下限变化规律，归纳了不同油藏充注模式下中生界油藏针对性的流体性质识别方法，形成了鄂尔多斯盆地延长组不同充注模式油藏储层流体性质测井识别方法序列（表 1-5）及定量评价方法，为测井解释方法的针对性应用奠定基础。

油水层识别是油气田勘探、开发和生产的重要环节，随着油田开发程度的不断加深、科技工艺的进步以及科研人员的不断努力，油水层识别技术不但得到了进一步的改进和创新，而且也历经了从常规油水层到低孔低渗透复杂油水层的识别发展过程，流体性质识别

表 1-5 鄂尔多斯盆地中生界不同充注模式油藏测井评价方法

油藏充注模式	源储配置模式	主要层系	油层特征	定量评价技术	针对性识别方法	典型油藏
高充注岩性油藏	源内或源储接触油藏、饱和度高	湖盆中部长 6_3—长 8_1	物性较差，纯油层为主。高阻、油层—差油层—干层序列	成岩相+孔隙结构评价、分类储层参数、分类 Archie 含油性评价	核磁共振孔隙结构分析法、TPI 法	华庆地区长 6_3、姬塬油田长 8_1、盆地长 7
中等充注岩性油藏	近源或旁生侧储油藏、饱和度中等—低	盆地长 4+5、长 6、姬塬油田长 8_2	物性较好，油水分异差。中—低阻、油层—油水层—水层—干层序列	孔、渗多元回归、基于 Archie 含油性评价	细分解释单元图版法、界限层 Fisher 判别法、视地层水电阻率正态分布法	姬塬油田长 4+5、长 6、长 8_2，安塞油田长 6
低充注构造—岩性油藏	远源油藏、油藏规模较小、饱和度低—中等	侏罗系延长组上部长 1—长 3、延长组下部长 9、长 10	物性较好、油水分异差、地层水矿化度变化大、电阻率变化大、油层—油水层—水层序列	孔、渗线性回归、基于 Archie 含油性评价	阵列电阻率梯度因子法、视电阻增大率法、测井—全烃联合解释法等	侏罗系姬塬油田长 2、镇北地区长 3、姬塬油田长 9

难度不断加大。虽然，国内外专家学者针对低孔低渗透复杂油水层的识别方法做了大量研究，但是由于其复杂的储层特征，致使测井曲线上的电性特征对于其岩性、物性以及含油性的响应不明显，利用单一的常规测井技术难以有效识别该类储层。目前，本书针对低孔低渗透储层油水层判别改进和创新了多种识别方法，但是每种识别方法都有其适用条件。所以，在实际应用中应当根据研究区油藏的特征去选择最合适的油水层识别方法，提高测井解释方法的针对性，从而提高测井解释的综合率。

第二章　不同充注模式油藏储层流体性质测井判别方法

根据鄂尔多斯盆地中生界油藏充注模式划分类型，本章归纳了不同充注模式油藏针对性的储层流体性质识别方法，以典型油藏实例介绍了不同充注模式油藏的测井识别方法，形成了鄂尔多斯盆地延长组不同充注模式油藏储层流体性质测井识别方法序列。

鄂尔多斯盆地中生界长6—长8为高充注油藏，储层充注程度高，发育复杂孔隙结构低渗透致密油层，油层与差油层较难区分。姬塬油田长4+5、长6为中等充注油藏，局部发育低对比度油水层，这类储层流体性质判识长期以解释偏高居多。陕北地区长6、姬塬油田长8₂—长9等低充注油藏及盆地长3以上低幅度构造油藏，这些油藏含油不饱满，发育低饱和度油藏，油层、油水层电阻率与邻近水层电阻率接近，该类储层流体性质判识难，研究中需要挖掘测井曲线中"蛛丝马迹"，构建含油性敏感参数，建立针对性的流体性质判识方法，提高测井解释符合率。

第一节　高充注低渗透致密油藏储层流体性质测井识别方法

湖盆中心长6、长8发育源上、源下高充注高饱和度油藏，该油藏储层岩心分析孔隙度一般为8%~15%，渗透率一般为0.08~1.0mD，物性较差，属于典型的岩性圈闭型超低渗透致密油藏。储层岩石粒度细，泥质含量高，多物源导致岩石成分复杂，局部发育高自然伽马砂岩，储层准确识别难；储层非均质性强，储集空间小，孔隙对测井响应的贡献少，测井资料信噪比低，流体性质识别精度需进一步提高。本节通过常规测井解释图版，辅以重构的含油性表征参数，建立流体性质测井判别方法，达到提高该类油层识别符合率的目的。

一、常规图版法

交会图是用于表示地层的测井参数或其他参数之间关系的图形，主要选取能够敏感反映储层流体特征的测井参数或物性参数组合，是一种半定性半定量的油水层识别方法。常规图版法是利用单层试油资料的测井参数进行交会来识别油层和非油层的一种经验统计方法。具体是以单层试油结果为依据，作对应井段特征小层的测井参数交会图，得到油层、油水层、水层、干层的各种测井及解释参数界限值。通常有声波时差—电阻率、孔隙度—含水饱和度等交会图。

1. 声波时差—深感应电阻率交会图

如图2-1所示，油层、油水层的电阻率下限并不是一个定值，而是随声波时差（孔隙度）增大呈下降的趋势，二者之间表现为一种函数关系，这是次生孔隙和微孔隙发育的储层在测井响应上的一个突出特点。图版中油层、油水层共存区较大，区分不明显，这是油层电阻率受岩性、物性、孔隙结构、润湿性、地层水性质等影响的结果。另外，低渗透油层的试油产量对改造工艺比较敏感，也可能影响储层产液性质及产液量大小，这些因素都从一定程度上影响了测井对孔隙流体的区分能力。

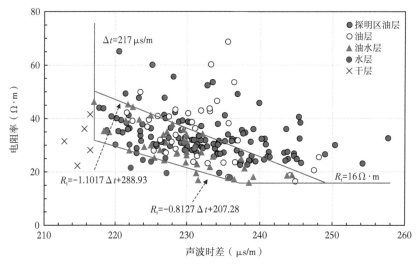

图 2-1　华庆油田长 6_3 储层声波时差—电阻率交会图

2. 孔隙度—视含油饱和度交会识别油层

应用岩心刻度测井和阿尔奇公式可计算储层的孔隙度和视含油饱和度，将测井信息转换为油藏储层参数信息，应用孔隙度和含油饱和度识别油层更加直观，并可初步反映油层的物性下限与含油饱和度下限。根据图 2-2 所示图版，可确定油层孔隙度下限为 8.0%，视含油饱和度下限为 50%。

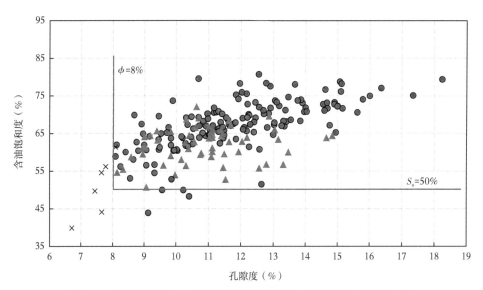

图 2-2　华庆油田长 6_3 储层测井计算孔隙度—视含油饱和度交会图

在油水层判识中，除曲线幅度信息外，观察纵向上测井曲线的相关形态非常重要。如含油性随物性变好（渗透率增大）是油层的特征，在正韵律性储层中经常表现为电阻率曲线向下爬坡；反之，则说明储层可能含水。

二、基于含油性敏感参数重构的流体性质判识

鄂尔多斯盆地湖盆中部长 6—长 8 油藏为高充注近源油藏，发育低渗透致密储层，其含油性主要受控于物性。储层的物性和流体性质共同控制着该区测井曲线的形态和数值大小，因此测井曲线是反映储层属性和流体性质的最直接的资料，而测井曲线组合的响应特征更能充分反映储层的物性与含油性。以陇东长 8 为例，从测井声波时差曲线、补偿密度曲线、补偿中子曲线的组合特征出发，构建三孔隙度指数（TPI），辅以含油性因子（$\Delta R_t \times \Delta AC$）、视电阻增大率等曲线，形成湖盆中部长 8 储层流体性质识别方法，提高了测井解释图版的精度。

1. 三孔隙度、电阻率测井曲线的组合特征

对湖盆中部长 8 低渗透致密型储层测井曲线响应特征的统计分析可知：单条测井曲线的响应特征，包括岩性、孔隙度和电阻率系列曲线，在不同类型储层差异不明显，但三孔隙度曲线和电阻率曲线响应特征的组合，在不同类型储层中差异明显且存在一定的规律，即在刻度一定的前提下，三孔隙度曲线重合程度较好，且储层电阻率曲线与邻近泥岩的电阻率相比，其值越大，储层段的含油丰度越高；反之，则对应储层段的含油丰度越低。即不同产能级别储层三孔隙度曲线补偿中子（CNL）、密度（DEN）、声波时差（AC）在刻度一定的情况下三者的幅度差、储层电阻率与邻近泥岩电阻率相对值存在一定的规律。

（1）如图 2-3a 所示，A 井长 8 储层段 2234.5~2250.1m 油层段三孔隙度曲线基本重合（图 2-3a 第 2 道），表现为曲线重合，油层段电阻率与上下围岩相比具有较大的幅度差，声波时差与电阻率曲线包络面积大（图 2-3a 第 3 道黄色充填部分），表明其物性、含油性很好。测井解释油层为 13.4m，压裂试油获得 60.1t/d 的高产油流。表明当 CNL、DEN、AC 三条曲线基本重合（线重合）时，储层电阻率与上下围岩电阻率幅度差越大时，对应储层段的含油性越好。

（2）如图 2-3b 所示，B 井长 8 储层段 2158.5~2167.0m 三孔隙度曲线补偿中子与密度重合，声波时差与补偿中子、密度有一定的幅度差（图 2-3b 第 2 道），纵向上幅度差有一定的变化，表现为点重合，储层段电阻率与上下围岩相比较具有一定的幅度差，声波时差与电阻率交会包络面积相对较小（图 2-3b 第 3 道黄色充填部分），表明其物性、含油性相对较好。测井解释油水同层为 6.4m，压裂试油获得 5.10t/d 的工业油流，产水 4.5m³/d。表明当 CNL 曲线与 AC 曲线重合，与 DEN 曲线存在一定的幅度差（点重合）时，储层电阻率与围岩电阻率有一定的幅度差，对应储层段的含油性相对较好。

（3）如图 2-3c 所示，C 井长 8 储层段 2472.5~2478.1m 三孔隙度曲线 AC、DEN、CNL 之间均存在一定的幅度差（图 2-3a 第 3 道），表现为不重合，储层段电阻率与上下围岩电阻率相比具有一定的幅度差或无幅度差，声波时差与电阻率交会包络面积很小或者无包络面积（图 2-3b 第 3 道），表明其物性、含油性相对较差。测井解释含油水层 5.6m，压裂试油仅仅产水 9.32m³/d，且其氯离子含量为 23016mg/L，属于地层水。表明当 CNL、AC、DEN 均存在一定的幅度差时，其幅度差越大，对应储层段的物性、含油性越差。

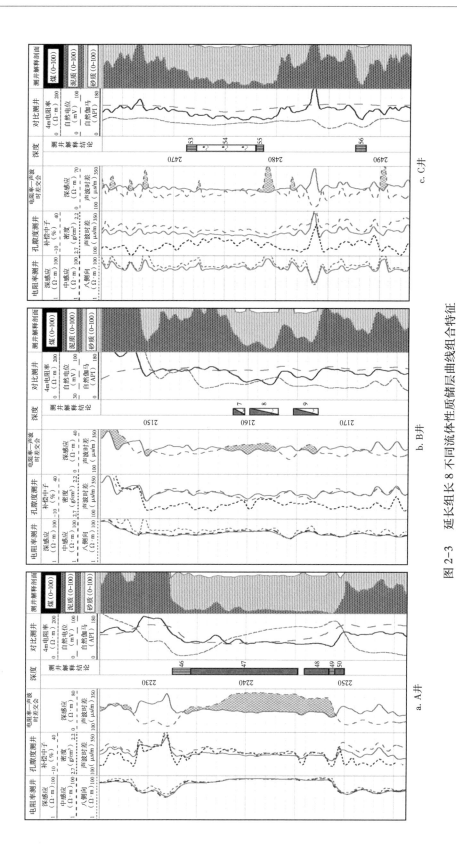

图 2-3　延长组长 8 不同流体性质储层曲线组合特征

从以上分析可知：三孔隙度曲线组合特征的差异、储层电阻率与围岩电阻率曲线的差异、声波时差与电阻率包络面积的大小，反映其含油性不同，使储层产量存在较大差别，从 A 井到 C 井呈现为依次递减的趋势。因此，在储层有效厚度和压裂措施相似的前提下，综合三孔隙度曲线的重合程度和储层电阻率与围岩电阻率的幅度差异、声波时差与电阻率包络面积特征，可以定性地判识储层的流体性质。

2. 测井曲线的重构

1）三孔隙度指数（TPI）

基于三孔隙度曲线在不同产能级别储层的重合程度不同这一测井曲线组合响应特征，衍生出特征参数 TPI（Three Porosity Index）。三孔隙度曲线的刻度如图 2-4b 所示，为了保持三孔隙度曲线的原始形态，基于刻度的最大值和最小值，计算三孔隙度曲线的归一化相对值如图 2-4c 所示。为了使转换后的曲线由左到右的刻度值从小到大且都表示储层的物性变好，即左边为曲线最小值，右边为曲线最大值，将图 2-4c 转化为图 2-4d。基于图 2-4d 中三条曲线的重合程度，由下式计算 TPI：

$$TPI = 1 - \sqrt{\frac{(\Delta CNL - \Delta AC)^2 + [\Delta CNL - (1 - \Delta DEN)]^2 + [\Delta AC - (1 - \Delta DEN)]^2}{3}}$$

$$(2-1)$$

其中：
$$\Delta AC = (AC - 100)/250$$
$$\Delta CNL = (CNL + 10)/50$$
$$\Delta DEN = (DEN - 2.7)/0.5$$

式中 AC——声波时差测井值，$\mu s/m$；

CNL——补偿中子测井值，%；

DEN——密度测井值，g/cm^3；

ΔAC——声波时差测井相对值，无量纲；

ΔCNL——补偿中子测井相对值，无量纲；

ΔDEN——密度测井相对值，无量纲。

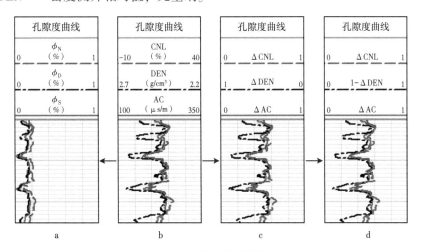

图 2-4 三孔隙度曲线转化过程

补偿密度测井、声波时差测井和补偿中子测井分别基于不同物理原理来测量地层的物理参数，并能利用岩石物理体积模型分别计算储层的孔隙度。由于声波时差测井不受洞穴和高角度裂缝的影响，只受骨架和粒间孔隙影响，因此，声波测井孔隙度反映的是岩石粒间孔隙度，即有效孔隙度；而补偿中子测井和补偿密度测井受洞穴、裂缝、泥质和钙质等的影响比较严重，故其计算的孔隙度为岩石总孔隙度。当岩性较纯时，中子测井、密度测井和声波测井孔隙度较为接近；当岩性不纯，夹杂泥质和钙质，中子测井和密度测井孔隙度大于声波测井孔隙度。图 2-4a 是由图 2-4b 中的三孔隙度曲线计算的中子孔隙度、密度孔隙度和声波孔隙度，均能表征储层的物性变化，图 2-4a 和图 2-4b 均反映了三孔隙度曲线的重合程度，即刻画岩性、物性，因此 TPI 可以指示储层岩性、物性。近源低渗透岩性油藏"四性"关系普遍为：岩性控制物性，物性制约含油性，TPI 在一定程度上也能反映储层的含油性。如图 2-5 和图 2-6 所示，TPI 与储层物性、含油性之间存在较好的线性正相关关系。TPI 在一定程度上能反映地层的岩性、物性和含油性，三孔隙度曲线重合较好，则 TPI 较大，储层物性、含油性越好。

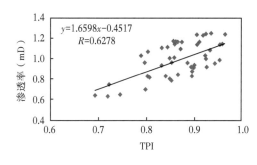

图 2-5　湖盆中部长 8 储层 TPI
与渗透率交会图

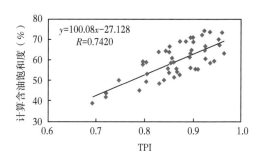

图 2-6　湖盆中部长 8 储层 TPI
与含油饱和度交会图

2）饱和度因子

为了直观表示电阻率曲线的形态、电阻率与上下围岩的幅度差异，从而直观表示储层的含油性，定义电阻率系数：

$$\Delta R_t = \lg R_t / \lg R_{tsh} \tag{2-2}$$

式中　ΔR_t——电阻率系数；

R_t——深探测电阻率，$\Omega \cdot m$；

R_{tsh}——本层段泥岩最低电阻率，$\Omega \cdot m$。

电阻率与声波时差包络面积的大小反映了储层的含油性（图 2-7），为了定量表示声波时差与电阻率包络面积，定义饱和度因子：

$$S_{RA} = \Delta R_t \times \Delta AC \tag{2-3}$$

饱和度因子反映储层电阻率随孔隙度的变化规律，当声波时差增大、电阻率增大时，包络面积越大，储层的含油性越好；反之，包络面积减小，储层的含油性越差。

3）视电阻增大率

岩石孔隙中含有油气时的电阻率比岩石孔隙中全部含水时的电阻率大，其增大的倍数叫作电阻增大率。电阻增大率与岩石含油饱和度或含水饱和度有关。利用湖盆中部长 8 部分出水井可获得地层水电阻率，利用岩电实验参数可以反算地层完全含水的电阻率 R_0，从而得到含油储层电阻率 R_t 与 R_0 的比值，即视地层水电阻增大率 I_{RA}。

以 Archie 公式为理论基础：

$$F = \frac{R_0}{R_w} = \frac{a}{\phi^m} \tag{2-4}$$

$$I_{RA} = \frac{R_t}{R_0} \tag{2-5}$$

由式（2-4）、式（2-5）可以得到：

$$I_{RA} = \frac{R_t \phi^m}{a R_w} \tag{2-6}$$

由式（2-6）可知，I_{RA} 由 R_t、R_w、ϕ 以及岩电参数 a、m 计算得到，其中，R_t 可以通过常规测井曲线得到，ϕ 可以通过声波时差、密度计算得到，a、m 可以通过岩电实验结果拟合得到，R_w 可以通过水分析资料得到。视电阻增大率的大小基本决定与储层的含油气性，消除了物性对电性的影响。

4）物性指数

$$PI = AC/AC_{下限} \quad 或 \quad PI = DEN/DEN_{下限} \tag{2-7}$$

式中 $AC_{下限}$——图版声波时差下限值，$\mu s/m$；

$DEN_{下限}$——图版测井密度下限值，g/cm^3。

物性参数 PI 消除了孔隙度曲线采集时的测量误差，表示储层物性对于储层下限的相对值，其值越大说明储层的物性越好。

3. 重构曲线的应用

针对湖盆中部长 8 储层段应用 TPI 计算公式求取 54 口井 54 个数据点试油段的 TPI、饱和度因子，做 TPI 和饱和度因子的交会图（图 2-7），沿纵轴方向向上表示储层的含油性变好，沿横轴方向向右表示储层的岩性、物性变好，能很好地判识储层的流体性质，油层与油水同层误入误出为两个数据点，图版符合率高达 96.3%，提高了测井对该类油层的识别能力。

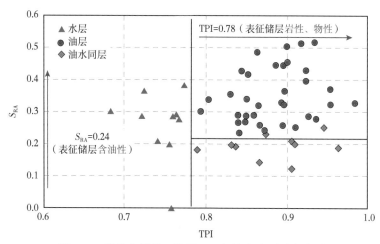

图 2-7 湖盆中部长 8 储层 TPI 与饱和度因子交会图

利用湖盆中部长 8_1 亚段 156 口井的试油层段 323 个小层数据点做长 8_1 亚段声波时差与电阻率交会图（图 2-8），并构建视电阻增大率和 PI 交会图（图 2-9），从图 2-8 和图 2-9 可知声波时差下限由斜线转换成直线（图 2-8），使测井解释图版更直观，且 PI 与 ARI 交会能将好油层、高饱和度致密油层、油水同层、含油界限层、水层、干层有效地区分开。

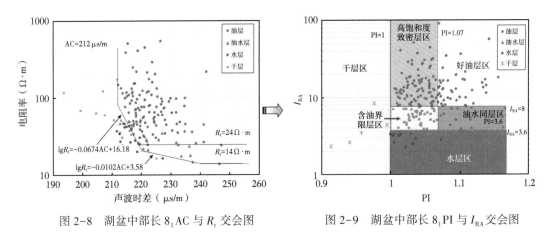

图 2-8　湖盆中部长 8_1 AC 与 R_t 交会图　　　　图 2-9　湖盆中部长 8_1 PI 与 I_{RA} 交会图

2014—2015 年，利用上述测井解释图版解释湖盆中部油探井、评价井长 6—长 8 油层组共计 172 层，解释符合 139 层，测井解释符合率为 85.46%，比原解释方法提高了 5.2%，提高了测井解释符合率。

第二节　中等充注低渗透油藏储层流体性质测井识别方法

中等充注油藏包括近源和旁生侧储两类源储配置模式，该类油藏距离油源较远，充注程度较低，含油性主要受物性的控制，该类油藏储层流体性质识别主要为测井界限层或低对比度油层的综合判识。

中等充注油藏储层物性相对高充注油藏好，但是储层孔隙结构复杂、黏土矿物含量高，以及地层水矿化度区域性变化大等导致油层、油水层电阻率与水层电阻率接近，给测井识别和评价造成很大困难，需要在消除地层水矿化度影响的同时深入挖掘各种测井信息获得储层流体敏感参数，形成针对性的测井识别方法，提高测井对该类复杂油水层的识别精度。

一、近源充注型——以姬塬地区长 4+5、长 6 油藏为例

姬塬地区长 4+5、长 6 为中等充注油藏，局部发育测井界限层，测井界限层主要指油层或油水同层的电性特征值接近或低于解释图版下限值。姬塬地区长 4+5、长 6 储层物性差、孔隙结构复杂、黏土矿物含量高、地层水矿化度高等特征导致低对比度油层发育，给测井识别和评价造成很大困难。

1. 测井界限层发育原因

姬塬地区长 4+5、长 6 储层总体以细砂岩为主，含有少量中砂岩和粗砂岩，岩石类型主要为长石砂岩，其次为岩屑长石砂岩，长石以钾长石为主，岩屑以喷出岩、石英岩、千枚岩和白云岩为主。储层的填隙物含量较高，为 12.0%，主要由绿泥石、高岭石、水云母、铁方

解石和少量硅质组成。储层孔隙度平均为 10.7%，渗透率平均为 0.5mD，属于低孔低渗透储层。储层孔隙类型复杂存在多孔隙类型的特征，以粒间孔和长石溶孔为主，存在部分岩屑溶孔和少量的晶间孔。长 4+5、长 6 储层发育测井界限层，主要外因为部分储层充注程度相对较低，含油不饱满；主要内因为微观复杂孔隙类型和黏土矿物的附加导电，与高矿化度地层水共同作用形成测井界限层。

1）孔隙结构、特殊黏土对测井界限层的影响

姬塬地区长 4+5、长 6 储层具有砂岩粒度细、孔隙类型多和黏土矿物含量高的特征，造成储层孔隙结构复杂，渗透率降低，束缚水含量增加，黏土矿物吸附束缚水，微小孔隙充填束缚水，这些束缚水及黏土产生的附加导电作用使得储层电阻率降低，形成测井界限层。长 4+5、长 6 储层 60 块岩心核磁共振实验结果表明（图 2-10），束缚水饱和度主要分布在 50.0%~60.0% 之间，平均束缚水饱和度高达 52.1%；储层孔隙中黏土矿物含量较高，主要为水云母（伊利石）和绿泥石，扫描电镜结果显示，水云母（伊利石）、绿泥石多数呈薄膜状、丝缕状分布（图 2-11、图 2-12）。长 4+5、长 6 储层孔隙空间中较高的黏土矿物含量并伴随水云母（伊利石）和绿泥石的薄膜状、丝缕状分布形式，使得孔隙结构复杂，微小孔隙和不连通的孔隙增多，束缚水含量增加，高束缚水含量和黏土产生的附加导电作用导致电阻率降低，从而形成测井界限层。

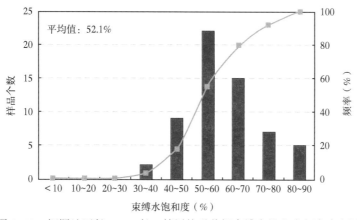

图 2-10　姬塬地区长 4+5、长 6 储层核磁共振束缚水饱和度频率直方图

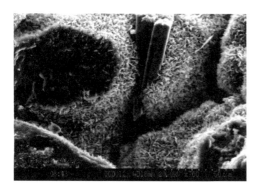

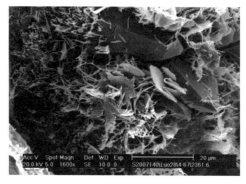

图 2-11　G44 井长 4+5、长 6 段
2310.3m 绿泥石膜

图 2-12　L28 井长 4+5、长 6 段
2361.6m 丝缕状伊利石

2）地层水矿化度对测井界限层的影响

姬塬地区长 4+5、长 6 储层地层水矿化度差异较大，总矿化度主要为 45~125g/L，平均为 76.3g/L（图 2-13），属于较高地层水矿化度储层。根据地层水矿化度与电阻率之间的关系（图 2-14）可知，常规油水层主要存在于高电阻率、低地层水矿化度储层，而低对比度油水层主要存在于低电阻率、高地层水矿化度储层；地层水矿化度越高，电解质的浓度越大，电阻率就越低，反之电阻率越高。因此，储层高矿化度地层水是造成测井界限层的主要因素之一。

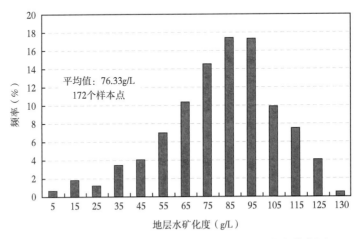

图 2-13　姬塬地区长 4+5、长 6 储层地层水矿化度分布图

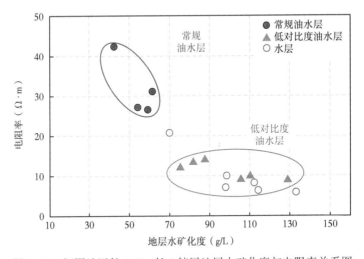

图 2-14　姬塬地区长 4+5、长 6 储层地层水矿化度与电阻率关系图

2. 测井界限层的识别方法

1）视地层水电阻率正态分布法

视地层水电阻率 R_{wa} 正态分布法是进行流体识别的成熟方法。在复杂油水层的流体性质判别中取得了较好的应用效果。

视地层水电阻率正态分布法是利用 $\sqrt{R_{wa}}$ 服从正态分布规律设计的一种评价地层含油

性的统计方法，根据其统计曲线形态和斜率进行油水层判别，对地层水矿化度变化大的储层识别效果尤其明显。R_{wa} 的计算公式如下：

$$R_{wa} = \frac{R_t}{F} = \frac{R_t \phi^m}{a} \tag{2-8}$$

视地层水电阻率正态分布曲线特征：（1）油层，$\sqrt{R_{wa}}$ 较大，斜率较高；（2）油水同层，下部斜率较低、上部斜率较高或斜率界于油层、水层之间；（3）水层，$\sqrt{R_{wa}}$ 较小，斜率较低。视地层水电阻率正态分布法消除了地层水矿化度对长 4+5、长 6 储层的影响，很好地解决了姬塬地区长 4+5、长 6 低对比度油层识别的问题。油层斜率高，位于图版的上部；油水同层斜率较低，位于图版的中部；水层斜率低，位于图版的最下部；油层、油水同层、水层在视地层水电阻率正态分布法图版上能被有效地区分开，如图 2-15 所示。应用该方法对姬塬地区长 4+5、长 6 层段 2016 年新完钻 20 口探井评价井 20 个测井界限层进行判识，其中 16 个油层与试油结果符合，测井解释符合率达到 80%，应用效果较好。

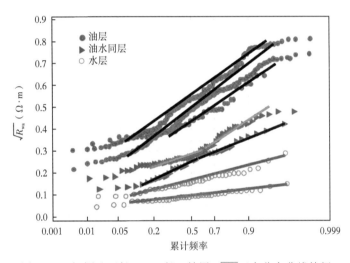

图 2-15　姬塬地区长 4+5、长 6 储层 $\sqrt{R_{wa}}$ 正态分布曲线特征

2）Fisher 判别分析法

20 世纪 30 年代，Ronald Fisher 提出了 Fisher 判别分析法用于流体识别。其基本思想是投影，将多维数据点（例如有多条测井曲线的采样点）投影到一条直线上，然后按方差分析的思想选出最优投影方向，使得投影后样品总体（总数据体）包含的各种类型能尽可能分开，从而确定判别函数，再依据建立的判别函数判定待判样品的类别。该方法已被广泛应用于低阻油气层、水淹层、致密砂岩储层和火山岩储层等领域的流体识别，应用效果显著。

（1）测井特征曲线的优选。

根据对姬塬地区长 4+5、长 6 储层的岩性、物性、电性及含油性特征分析可知：自然电位幅度差（ΔSP）反映储层的岩性，密度（DEN）反映储层的物性，深电阻率（RT）和声波时差（AC）较好地反映储层的电性和含油性特征，并运用统计分析技术对数据体作相关性分析和 p 检验（表 2-1，相关系数与 p，括号里是 p）。因此，选择上述 4 个独立

性较强且代表储层特征的原始变量作为低对比度油层流体识别的主要分析参数。选取 56
口井 61 个试油层段作为样本点，利用 Fisher 判别分析法建立姬塬地区长 4+5、长 6 低对比
度油层流体识别模型。

表 2-1　姬塬地区长 4+5、长 6 储层测井参数相关性分析和 p 检验

测井参数	AC	DEN	RT	ΔSP
AC	1	−0.451[①] （0.001）	−0.287 （0.050）	0.413[①] （0.004）
DEN	−0.451[①] （0.001）[②]	1	0.293[③] （0.045）	−0.262 （0.075）
RT	−0.287 （0.050）	0.293[③] （0.045）	1	−0.231 （0.118）
ΔSP	0.413[①] （0.004）	−0.262 （0.075）	−0.231 （0.118）	1

①表示两个变量间相关性非常显著；

②括号内为 p；

③表示两个变量间相关性显著。

（2）判别特征的确定。

根据 Fisher 判别分析法原理对研究区所选取样本的测井数据进行分析，得到 Fisher 典
则判别函数特征值和方差贡献率，见表 2-2。

表 2-2　样本典则判别函数特征值与方差贡献率

典则判别函数	特征值	方差贡献率（%）	累计方差贡献率（%）	正则相关性系数
1	3.870	57.7	57.7	0.891
2	2.781	41.5	99.2	0.858
3	0.054	0.8	100.0	0.227

可以看出，第 1 典则判别函数和第 2 典则判别函数的特征值累积方差贡献率达 99.2%，
包含了绝大部分变量信息，第 3 典则判别函数特征值方差贡献率较低，对综合判断结果影响
不大，同时考虑到简化判别过程，因此选择第 1 典则判别函数和第 2 典则判别函数作为低对
比度油层流体识别的特征变量。第 1 典则判别函数和第 2 典则判别函数分别为：

$$F_1 = 0.070\text{AC} - 12.131\text{DEN} + 0.231\text{RT} - 0.038\Delta\text{SP} + 10.491 \qquad (2-9)$$

$$F_2 = 0.218\text{AC} + 21.627\text{DEN} - 0.051\text{RT} - 0.180\Delta\text{SP} - 97.088 \qquad (2-10)$$

式中　F_1——第 1 典则判别函数；

　　　F_2——第 2 典则判别函数；

　　　ΔSP——自然电位幅度差，mV。

经过 Fisher 判别分析法处理后，各样品的第 1 典则判别函数与第 2 典则判别函数交会
结果如图 2-16 所示，油层、油水同层、含油水层以及水层之间界限明显，相对于常规交

会图，其区分度大幅提高。

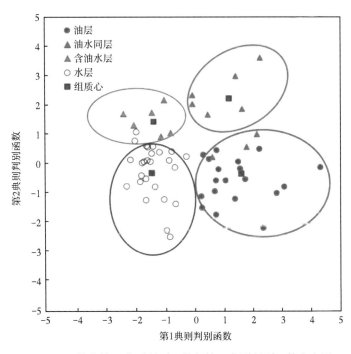

图 2-16　样本第 1 典则判别函数与第 2 典则判别函数交会图

（3）判别模型的建立。

油层判别时根据试油数据和对应的测井响应特征值求出判别函数，利用判别函数对储层进行识别。根据 Fisher 判别分析理论，得出 4 类储层流体的判别函数分别为：

$$Y_1 = 30.222AC + 4024.661DEN - 5.431RT - 12.928\Delta SP - 8086.290 \tag{2-11}$$

$$Y_2 = 31.218AC + 4109.543DEN - 5.395RT - 13.710\Delta SP - 8505.464 \tag{2-12}$$

$$Y_3 = 30.852AC + 4122.063DEN - 6.160RT - 13.526\Delta SP - 8439.237 \tag{2-13}$$

$$Y_4 = 30.348AC + 4110.311DEN - 6.341RT - 13.085\Delta SP - 8303.691 \tag{2-14}$$

式中　Y_1，Y_2，Y_3，Y_4——分别为油层、油水同层、含油水层和水层的判别函数。

对于未知流体类型的储层，将其测井值代入式（2-11）至式（2-14）分别计算其判别函数值，然后进行比较，判别函数值最大的流体类型就是其所属类别，利用所建立的判别模型进行储层流体识别。

（4）应用效果。

利用建立的模型对姬塬地区长 4+5、长 6 层段于 2016 年新完钻 20 口探评井 20 个低对比度油层进行流体类型判别，判别结果与试油结果对比见表 2-3。可以看出，使用常规图版法解释，一次解释的符合率仅为 70%；使用 Fisher 判别分析法识别后，精细解释油层的符合率为 100%，油水同层的符合率为 100%，其整体符合率达到了 90%。这说明 Fisher 判别分析法在姬塬地区长 4+5、长 6 低对比度油层的流体判别中应用效果显著，大幅提高了测井解释的符合率。

表2-3　2016年姬塬地区长4+5、长6探评井流体类型判别结果与试油结果对比

井号	Y_1	Y_2	Y_3	Y_4	常规图版法判别结果	Fisher判别分析法判别结果	试油结果
Y293	8228.8	8196.5	8199.7	8203.6	油层	油层	油层
H222	8333.4	8316.9	8291.5	8281.9	油层	油层	油层
Y277	8577.0	8563.4	8557.2	8550.1	油层	油层	油层
Y239	8667.9	8658.9	8651.3	8641.3	油水同层	油层	油层
Y323	8362.7	8349.0	8329.2	8319.5	油水同层	油层	油层
H405	8419.7	8395.0	8402.4	8403.1	含油水层	油层	油层
A176	8345.1	8357.2	8349.3	8345.1	油水同层	油水同层	油水同层
J123	8460.2	8477.2	8466.6	8460.3	含油水层	油水同层	油水同层
J118	8513.1	8532.7	8517.3	8509.0	油水同层	油水同层	油水同层
H408	8474.1	8488.6	8476.8	8472.6	油水同层	油水同层	油水同层
A271	8618.0	8633.1	8628.8	8625.9	含油水层	油水同层	油水同层
A272	8534.5	8552.3	8548.2	8542.9	含油水层	油水同层	油水同层
F31	8592.8	8599.9	8604.1	8600.7	含油水层	含油水层	含油水层
H404	8420.0	8422.0	8428.0	8426.8	含油水层	含油水层	含油水层
A263	8423.6	8423.8	8434.0	8434.0	含油水层	含油水层	含油水层
H362	8468.6	8471.6	8478.8	8477.4	含油水层	含油水层	含油水层
Y248	8468.6	8466.9	8477.4	8479.4	水层	水层	水层
H341	8198.2	8186.2	8199.9	8206.7	水层	水层	水层
J122	8991.6	9014.4	9018.0	9007.0	含油水层	含油水层	水层
J130	8460.3	8466.0	8472.9	8469.5	含油水层	含油水层	水层

3. 产水率模型与分级评价

1）产水率与含水饱和度的关系

对于中—高渗透储层，地层产出流体的动态规律主要服从多相流体在多孔介质微观孔隙中的分布与渗流特性，即遵从达西定律。对于油、水共渗体系，地层产水率 F_w 可近似表示为：

$$F_w = \frac{Q_w}{Q_o + Q_w} = \frac{1}{1 + \dfrac{K_{ro}}{K_{rw}}\dfrac{\mu_w}{\mu_o}} \qquad (2-15)$$

式中　Q_w——水的分流量，m^3；

　　　Q_o——油的分流量，m^3；

　　　K_{ro}——油相相对渗透率；

　　　K_{rw}——水相相对渗透率；

　　　μ_w——水的黏度，$Pa\cdot s$；

　　　μ_o——油的黏度，$Pa\cdot s$。

对一个具体油藏水油黏度比 μ_{w}/μ_{o} 为一定，产水率只取决于油、水相相对渗透率比值，而后者是油藏含水饱和度的函数，所以产水率也就是关于含水饱和度的函数。根据 Buckley—Leverett 的水驱理论和油藏数值模拟方法，油水相相对渗透率比值与含水饱和度之间的关系如式（2-16）所示，即它们之间呈现指数关系：

$$\frac{K_{ro}}{K_{rw}} = a\mathrm{e}^{-bS_{w}}$$ (2-16)

式中 a——直线的截距；

b——直线的斜率。

基于式（2-16），利用含水饱和度计算油水相相对渗透率比值，然后可以求得地层产水率，即地层产水率的计算归结为建立含水饱和度与产水率之间函数关系的过程。

2）产水率模型

针对姬塬地区长 4+5、长 6 低渗透储层，流体在多孔介质中的流动规律不再符合经典的渗流规律——达西定律。因此，前人提出利用神经元非线性 Sigmoid 函数的突变性质，建立了产水率与含水饱和度之间非线性关系式，较好地描述低渗透非达西渗流特征，在产水率预测和油水层识别中取得良好的效果。本书以姬塬地区长 6_{1} 层段 14 口井 19 个样品的相渗分析资料为基础，应用神经元非线性 Sigmoid 函数建立产水率预测模型，并对实测的产水率与模型计算的产水率进行验证，用以检验模型的精度。

结合岩心分析的含水饱和度与产水率之间的关系（图 2-17），利用含水饱和度直接拟合姬塬地区长 4+5、长 6 低渗透储层的产水率：

$$F_{w} = \frac{1}{0.02287\mathrm{e}^{-0.244(S_{w}-50)} + 0.009846}$$ (2-17)

由图 2-17 可知，式（2-17）能理想地反映产水率与含水饱和度之间的关系。利用式（2-17）计算储层产水率与岩心分析产水率的相关系数为 0.95。

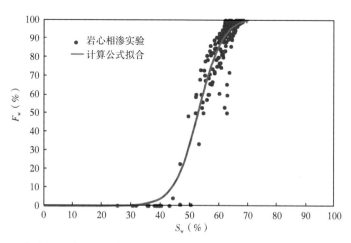

图 2-17 姬塬地区长 4+5 层段、长 6 层段岩心分析含水饱和度与产水率关系图

3）分级评价

构建的产水率计算模型，完成了利用含水饱和度定量评价产水率的过程，根据含水饱和度与产水率对应关系，将姬塬地区长 4+5 层段、长 6 层段产出的流体分为油层、Ⅰ类油水同层（油多水少）、Ⅱ类油水同层（油少水多）、含油水层（水层）4 个级别（表 2-4），开展产出流体分级定量评价，进而精细表征流体性质和产液情况，使得勘探生产工作更加精细，并在开发建产时能有效规避低效井区。

表 2-4　姬塬地区长 4+5、长 6 层段细分流体性质分级评价表

解释结论	产水率（%）	含水饱和度（%）
油层	<20	<46
Ⅰ类油水同层	20~50	46~54
Ⅱ类油水同层	50~80	54~60
含油水层（水层）	>80	>60

4）应用效果

基于 Sigmoid 函数的产水率模型，较好地拟合了姬塬地区长 6_1 层段低渗透储层的产水率，但低渗透储层试油时普遍进行压裂改造，工艺措施的不同对储层改造效果的影响很大，因此需消除压裂改造对储层产水率变化的影响。针对这一问题，在研究区内选取同一井区同一时段内完钻并已试油投产的开发井进行产水率预测，确保在同一井区开发方案相同并且相同时段的情况下压裂改造措施基本相同。对研究区内 H57 井区 2015—2016 年投产的 64 口井产水率进行计算，并应用建立的标准进行产水率分级评价，与压裂试油后投产初期产水率（前 3 个月平均）进行对比分析（图 2-18），相关系数为 0.917，模型精度与分级评价结果满足研究区低渗透储层的勘探开发生产需求。

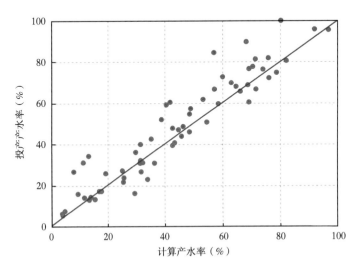

图 2-18　姬塬地区长 6_1 油层计算产水率与投产产水率关系图

图 2-19 和图 2-20 为 H57 井区内两口开发井的应用实例。D72-391 井测井计算含水饱和度为 53.0%，应用模型计算初期产水率为 48.0%（图 2-21），依据分级评价标准解释

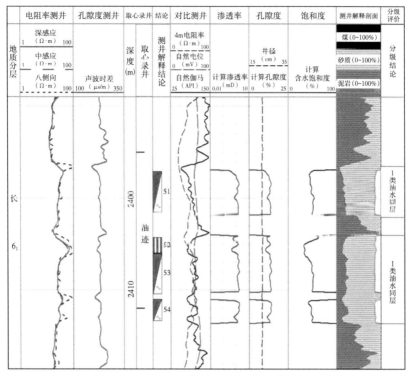

图 2-19　D72-391 井长 6_1 储层分级评价成果图

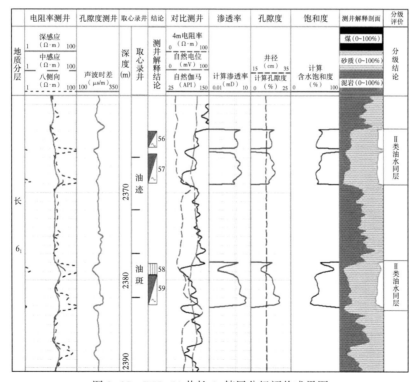

图 2-20　D55-64 井长 6_1 储层分级评价成果图

为Ⅰ类油水同层（图2-19、图2-21），压裂试油结果显示，日产油21.0t，日产水9.0m³，投产后初期产水率为46.7%，与试油和投产产水率结果相符；D55-64井长6₁测井计算含水饱和度为57.0%，应用模型计算初期产水率为71.5%（图2-21），依据分级评价标准解释为Ⅱ类油水同层（图2-20、图2-21），压裂试油结果显示，日产油15.0t，日产水12.0m³，投产初期产水率为72.0%，与试油和投产产水率结果相符。通过两口开发井的产水率分级评价实例，表明应用模型计算的产水率，将测井解释的油水同层进一步细化，为开发产能建设提供了技术支持，有效地规避低效井区。

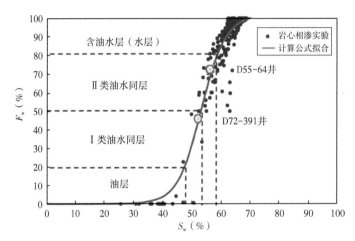

图2-21　姬塬地区D72-391井、D55-64井长6₁储层产水率分级图

二、旁生侧储型——以安塞地区长6油藏为例

安塞地区长6油藏为低充注型旁生侧储油藏，该油层组油层、水层测井响应差异小，对比度低，存在低电阻出油、高电阻出水现象，部分井解释偏高造成无效试油。储层距离烃源岩较远，充注程度低。此外，长6油藏以细砂为主，砂岩粒度较细，填隙物含量较高，绿泥石膜充填在孔隙与喉道中造成孔隙结构复杂，微小孔隙和不联通的孔隙增多，束缚水含量增加，束缚水产生附加导电作用使得电阻率降低，从而形成低对比度油层。源储距离远、岩性细和泥质含量高是形成低对比度油层的又一主要成因。

1. 基于特征量敏感因子构建法

用电阻率与声波时差交会建立流体性质识别图版（图2-22），油层、油水同层难以有效分开。针对该交会图版法存在的不足，基于低对比度油层成因机理分析，优选综合反映储层岩性、物性、电性的测井曲线，建立流体判别函数和流体敏感因子，进而对油水层进行识别。

1）三孔隙度指数与电阻率交会

基于特征量敏感因子复合构建的流体识别方法有TPI流体识别和孔电指数（ODI）流体识别。选取反映孔隙度特征的声波时差、中子和密度测井曲线构建TPI［式（2-1）］与电阻率交会（图2-23）可知：TPI>0.66，R_t>23Ω·m，为干层区域；TPI≤0.66，R_t<10Ω·m，为水层区域；其余区域为油层或油水同层。

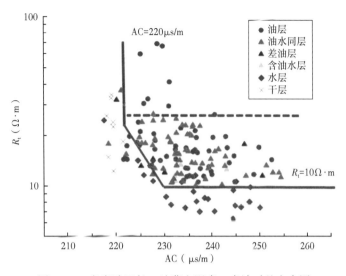

图 2-22　安塞油田长 6 油藏电阻率—声波时差交会图

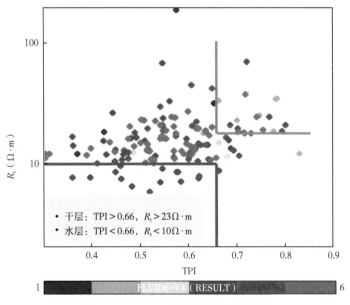

图 2-23　TPI 三孔隙度指数流体识别

2）孔电指数与电阻率交会

选取声波时差、密度、中子测井曲线构建 ODI 流体识别与电阻率交会，ODI 计算公式为：

$$\text{ODI} = \frac{\text{AC}}{\text{DEN} \cdot \text{CNL}} \lg R_t \qquad (2-18)$$

从图 2-24 可知：ODI>7.5，R_t>23$\Omega \cdot$m，为干层区域；ODI≤5.5，R_t<10$\Omega \cdot$m，为水层区域；其余区域为油层或油水层。

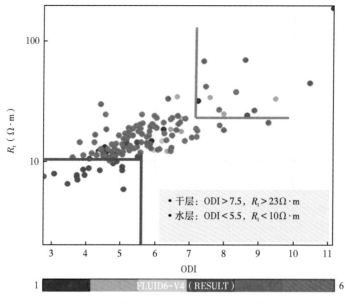

图 2-24　安塞油田长 6 油藏孔电指数流体识别

3）基于 Fisher/LDA 特征量敏感因子复合构建

基于 Fisher/LDA 特征量敏感因子复合构建的流体识别方法，是一种多元线性分析法，其基本思想是坐标变换，将高维的数据点投影到低维空间上，完成降维的一个过程。本次测井敏感曲线的优选是根据不同流体性质的测井响应特征差异，选取了自然伽马、声波时差、密度、电阻率和补偿中子，流体敏感性的顺序为 RT>DEN>AC>GR>CNL>POR>PE。在 Fisher/LDA 敏感特征量分析的基础上，构建多元回归判别模型，例如：

$$PC1\_Reg = -4.46lgRT+0.008AC+0.84DEN+1.357 \tag{2-19}$$

$$PC2\_Reg = -1.327lgRT-0.023AC+14.827DEN-29.546 \tag{2-20}$$

将 PC1_Reg、PC2_Reg 交会得到图 2-25，能较好地将油层、油水层、干层区分开。

2. 基于机器学习的监督型神经网络法

鉴于本区为低充注型旁生侧储油藏，油层组油层、水层测井响应差异小，测井资料受多种因素控制导致流体响应特征不明显，仅利用单一的测井资料或常规交会图技术难以有效识别储层流体，需充分利用多种信息综合判识流体性质。近年来随着数据挖掘技术的快速发展，回归算法、聚类算法、遗传算法、人工神经网络、决策树算法、随机森林、支持向量机等技术及结合上述多种技术的储层流体综合判别方法均被用于储层流体识别中。

业内常用的测井分析软件也均集成了多种类型的机器学习方法用于复杂储层的岩性岩相识别、流体判识等，典型方法模块包括 Techlog 软件提供的 IPSOM、MLP、HRA 分析方法，Geolog 软件提供的 FUZZY、MRGC-CSSOM 方法等。其中，MLP（多层感知器）是一种多层的前向结构 ANN 人工神经网络，设计用于处理非线性可分离问题，可映射一组输入向量到一组输出向量，实现样本监督分类。MLP 方法可视为一个有向图，由多个节点层组成，每一层全连接到下一层。除了输入节点，每个节点都是一个带有非线性激活函数的

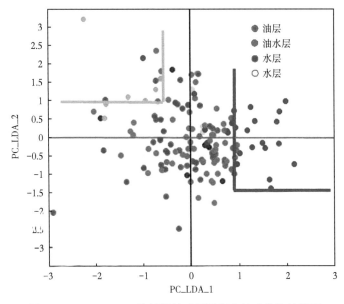

图 2-25 Fisher/LDA 特征量敏感因子复合构建的流体识别

神经元。使用反向传播算法的监督学习方法来训练，克服了感知器不能对线性不可分数据进行识别的弱点。相对于早期神经网络，MLP 多层感知器输出端从一个变到了多个，输入端和输出端间设有隐层，隐层实现对输入空间的非线性映射，输出层实现线性分类。IP-SOM（智能判别器）则是一个应用高级判别技术的独特模块，可为岩相、流体判别的解释带来更大价值。该方法采用督导和非督导神经网络进行判别分类。MRGC-CFSOM 算法则是一种基于图论的多层次聚类算法，属于非监督聚类算法的一种。该算法通过用欧氏距离的大小来代表样本点与样本点之间的相似程度强弱，基于样本点特征矩阵计算出特征距离矩阵，特征距离矩阵的行和列分别为每个样本点，其矩阵的元素值为样本点与样本点之间的距离。基于特征距离矩阵，通过吸引方程建立吸引与被吸引的判别法则，将所有样本点分为三类：中心点、吸附点和边缘点，这样就可以基于中心点建立样本点的吸引集，每一个样本点都属于唯一的某个吸引集。然后再计算每个点的核代表指数，按照核代表指数从大到小排列及聚类数决定真正的核点。最后通过合并法则，以每个核点所在的吸引集为基础，逐步对每个吸引集进行合并，从而得到最后的合并结果，即为最终的聚类结果。

　　针对目标区复杂流体识别的难题，分别应用了上述软件提供的不同机器学习方法进行了流体判识验证，比较不同识别方法效果，并与 ELAN 二次精细处理结果进行综合分析。处理前，先选取综合反映储层岩性、物性、流体性质的自然电位、自然伽马、电阻率、声波时差、补偿中子、密度等常规测井曲线，构建样本集；针对样本集数据，重新计算部分对流体敏感的复合特征量；再运用以上机器学习算法对各类特征量进行学习，传播学习模型实现其他井应用。研究中也采用组分优化方法进行了二次精细解释，模型选取 GR、RT、AT30、DEN、CNL、PE、AC、SH、POR 曲线作为输入响应，体积模型选取绿泥石或高岭石、石英、钾长石、钠长石、油、水作为地层模型；处理参数中，Archie 参数采用水层 picket 图反推或岩心分析数据，地层水电阻率采用区域水性资料。研究中发现 MRGC-

CSSOM、HRA 方法流体识别效果较差，分析选取的测井特征量受岩性主控、流体信息偏弱，要识别流体分类，采用有监督分类方法更优。因此，重点采用了 MLP、IPSOM 分类器进行流体判别研究，在该区六类流体类型情况下，流体识别符合率情况见表 2-5。

表 2-5　研究区采用 MLP、IPSOM 方法流体识别符合率

统计井数	图版组合	MLP 多层感知分类器		IPSOM 智能分类器	
		不吻合数	符合率（%）	不吻合数	符合率（%）
149	AC+RT	59	60.4	43	71.1
	TPI+ODI	75	49.7	43	71.0
	AC+RT+CNL+DEN	28	81.2	—	—
	AC+RT+CNL+DEN+GR+PE	4	97.3	—	—
	6 类交会图复合特征量	14	90.6	—	—

如图 2-26 至图 2-28 所示。第 3 道为基于地层层序分析的 INPEFA 曲线，该曲线趋势指示地层沉积旋回特征和局部水体变化，储层均发育在局部水退位置。第 4 道为基于常规资料计算出的复合特征量，较好地指示出储层位置和流体类型。第 5 道为阵列感应测井曲线，第 6 道为 PE、中子、声波时差和密度测井曲线，第 7、第 8 道分别为 CAL、SP、GR测井曲线，第 9 道为常规流体识别方法，第 10 道为孔隙度和渗透率曲线，第 11 道为常规解释的岩性剖面，第 12 道为基于常规储层分类结果，第 13 道和第 14 道为油气结论，第 15 道、

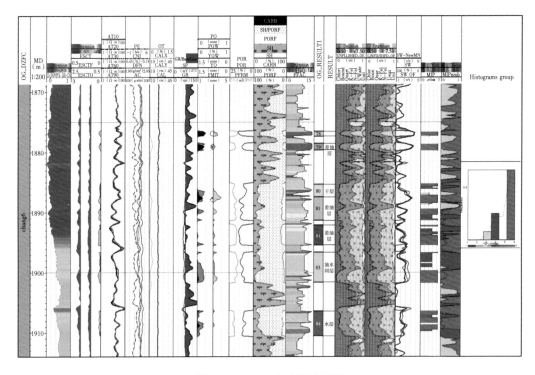

图 2-26　X233 井应用效果图

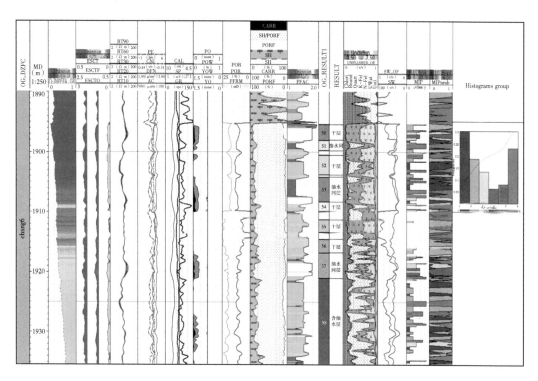

图 2-27 X247 井应用效果图

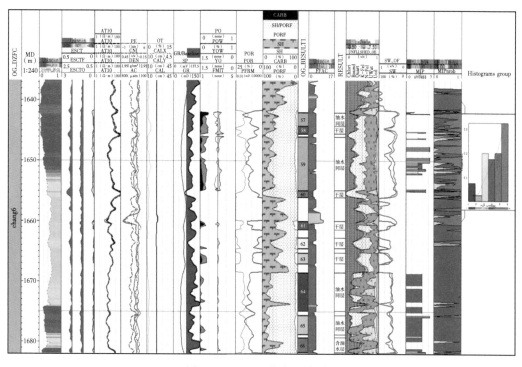

图 2-28 W482 井应用效果图

第 16 道分为 Elan 优化处理结果，第 17 道为常规计算的饱和度和 Elan 饱和度对比，第 18 道至第 20 道为 MLP 方法逐点流体识别后统计结果。X233 井流体识别结果为油水同层，与解释、测试结果吻合，该层段日产油 10.37t、水 11.1m³。X247 井流体识别结果为油层，与解释、测试结果吻合，该层段日产油 8.25t。W482 井流体识别结果为油层，与测试结果吻合，该层段日产油 4.76t。综合分析来看，该研究区可采用"流体识别图版+MLP 多层感知分类器"相结合的方法进行流体识别，根据流体逐点判别结果的主频次统计与组合分析，可综合判定流体类型，效果较好。

3. 基于核磁共振实验的优化可动水饱和度计算法

应用岩石核磁共振实验重新对 T_2 截止值进行标定，将原区域统一的 T_2 截止值（21.5ms）根据不同层位与不同孔隙度重新标定，进而开展优化可动水饱和度计算方法评价流体性质，取得较好的效果。G10 井长 6_2 使用原地区 T_2 截止值为 21.5ms 处理的可动水饱和度小，可动油饱和度高，测井一次解释为油层，本次采用实验重新标定的 T_2 截止值为 8ms，重新计算可动水饱和度较高，可动油饱和度较低，最终解释为油水同层，与试油结论相符合，如图 2-29 所示。Y80 井长 4+5、长 6 使用原地区 T_2 截止值为 21.5ms，处理的可动水饱和度中等，测井一次解释为油水同层，本次采用实验重新标定的 T_2 截止值为 15ms，重新计算可动水饱和度高，可动油饱和度低，最终解释为含油水层，与试油结论相符合，重新优化的可动水饱和度计算方法得到了验证，如图 2-30 所示。

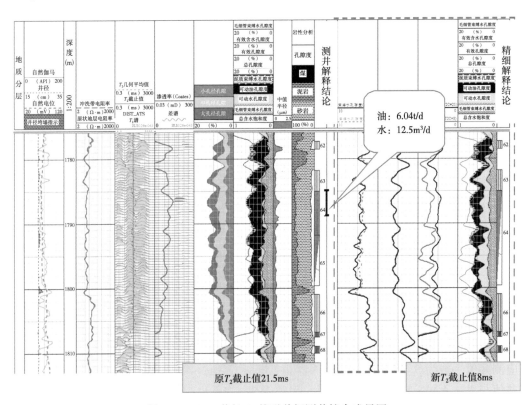

图 2-29　G10 井长 6_2 核磁共振测井综合成果图

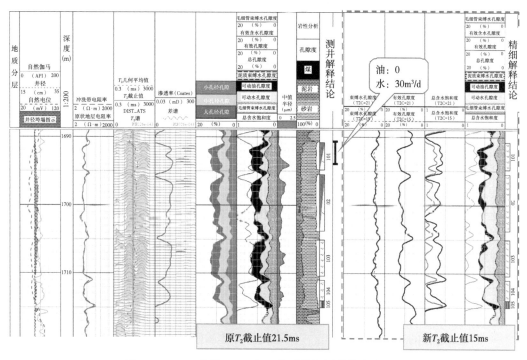

图 2-30　Y80 井长 4+5、长 6 核磁共振测井综合成果图

第三节　低充注油藏低对比度油层流体性质测井识别方法

鄂尔多斯盆地长 3 以上、长 9 和长 10 发育低充注低对比度油藏。该类油藏距离烃源岩远，油、水分布规律复杂，油藏规模较小，横向可对比性较差，测井准确判识储层流体类型难。本节以姬塬地区长 2、长 9 为例，以低对比度复杂油水层为目标开展岩石物理研究，明确低电阻率油层的成因机理，建立了"岩石物理研究型"的感应测井钻井液侵入校正方法，形成了低充注低对比度复杂油水层测井识别方法，提高了测井对低对比度油层的识别能力。

一、低充注低幅度构造型——以姬塬地区长 2 油藏为例

鄂尔多斯盆地局部发育受古地貌控制三叠系长 2 油层组低幅度—低电阻率油藏，由于构造平缓，含油面积大，具备形成规模低电阻率油藏的条件。姬塬长 2 油层组为披覆油层，油藏幅度小于 30m，驱替压力小于 0.1MPa，孔隙结构复杂，为中孔低渗透储层。由于长 2 油层组距井底较远，钻井液浸泡时间长，钻井液侵入影响严重，油层、油水同层的感应测井值一般为 5~12 Ω·m，有的甚至低至 3 Ω·m；双感应测井均表现为高侵特征，测井值与水层无异；测井电阻增大率一般小于 2，为低电阻率油层特征，测井识别非常困难。本节以该区低电阻率油层为目标开展岩石物理研究，明确低电阻率油层的成因机理，建立分步骤的测井识别方法与"岩石物理研究型"的感应测井钻井液侵入校正方法，识别该类低对比度油层，该方法与仅用深、中、浅探测电测井反演方法进行油层识别有较大区

别，特别是在钻井液侵入较深、影响严重时，该方法的优势更加明显。

1. 姬塬地区长2油层测井响应特征

姬塬地区长2油藏为受低幅度鼻状构造控制下的构造—岩性油藏，含油高度一般低于40m，岩性主要为浅灰色厚层长石细砂岩、岩屑长石细砂岩为主，储层物性较差，属于中—低孔、低渗透油藏。长2油层组一般测井响应特征是：自然伽马为低值（55～85API），个别储层自然伽马较高（90～105API），自然电位为负异常，异常幅度为20～50mV，密度为2.35～2.50g/cm³，声波时差为235～275μs/m，补偿中子为15%～20%，深感应电阻率为2.8～12Ωm。自然电位和自然伽马曲线形态以钟形、箱形、复合形为主。油层电阻率曲线比较平直，与邻近泥岩电阻率相差不大，从深中感应电阻率曲线幅度差分析，油层、油水同层、水层均呈现高侵特征。

2. 姬塬地区长2低充注低对比度油层成因

姬塬地区长2为低幅度构造、低充注弱油水分异型低对比度油层，所在油藏距离油源远，构造幅度低，浮力是该类油藏成藏的动力，阻力主要为储层的毛细管力，原油主要靠自身重力作用分异，物性与构造双重作用控制储层含油性，大部分油层油水分异弱，试油以油水层居多，低对比度油层、油水层电阻率一般为2.8～12Ω·m。低阻油藏分布具有两种基本的特征：一种是沿着古河道分布的特征，由于古河道下切沉积的河道砂体可以作为长2油气向上运移的通道，所以沿着古河道优势砂体易于成藏；另一种为成排分布的沿西倾的低幅度鼻状隆起。

1）长2低电阻率油层的形成内因

根据油柱高度与含水饱和度的关系［式（1-23）］可知，油藏幅度越低，驱替力越小，含水饱和度越高，含油饱和度越小，电阻增大率也越小。在该区驱替力条件下（油藏高度为30m，驱替力为0.08MPa），由毛细管压力资料可确定本区Ⅰ类孔隙结构储层（储层综合分类参数见表2-6）最大原始含油饱和度为65%（应用该区岩电参数，由Archie公式确定电阻增大率为6.8）、Ⅱ类孔隙结构储层最大原始含油饱和度为55%（电阻增大率为4.3），Ⅲ类储层由于驱替力太小难以成藏。即低幅度油藏条件下油层的原始电阻增大率不高，加上钻井液侵入等因素对测井电阻率的影响，极易形成低对比度油层，因此，油藏幅度低是形成该类低对比度油层的先决条件。图2-31所示为G107井测井解释油柱高度与深感应电阻率、电阻增大率的关系图。

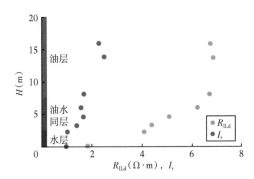

图2-31　G109井测井解释油柱高度与R_{ILd}、I_r关系

表 2-6　储层综合分类参数表

储层孔隙结构	宏观参数		微观参数		储层评价
类型	孔隙度（%）	渗透率（mD）	最大孔喉半径（μm）	排驱压力（MPa）	
Ⅰ类	≥17.0	≥10.0	≥6.0	≤0.2	较好
Ⅱ类	12.0~20.0	1.0~10.0	2.4~6.0	0.2~0.5	一般
Ⅲ类	10.0~15.0	≤1.0	≤2.4	≥0.5	差

2）淡水钻井液侵入油层、水层对双感应测井的影响

钻井过程中，钻井液侵入储层是不可避免的，其对电测井的影响与钻井工程、钻井液性质、储层物性、含油饱和度、钻井液浸泡时间等多种因素有关。本区长 2 储层孔隙度主要在 10%~20%，地层水矿化度高，平均为 100000mg/L，钻井液矿化度一般在 6000~9000mg/L，两者相差 11~17 倍。由于长 2 油层组距井底较远，钻井液浸泡时间长，对双感应测井影响严重，油层的深感应测井值与水层相近，低电阻率油层发育，经常导致测井解释误判。从深、中感应测井曲线幅度差分析，受淡水钻井液侵入影响，油层、油水同层、水层均呈现高侵特征。

为研究淡水钻井液侵入对油层、水层双感应测井的影响规律，在实际地质、测井（包括统计钻井液浸泡时间）观测与标定的约束下，对长 2 油层、水层进行了钻井液侵入数值模拟研究。

以 G109 井长 2 储层为例，油层模拟参数采用储层实际取心分析的数据与测试资料：孔隙度为 16.4%，渗透率为 1.2mD，含油饱和度为 60%，在该区属于Ⅱ类储层，钻井液矿化度 C_{mf} 为 6600mg/L，地层水矿化度 C_w 为 80000mg/L，钻井液柱压力为 22.3MPa，地层压力 16.3MPa。底部水层模拟参数：孔隙度为 21.3%，渗透率为 9.1mD，含油饱和度为 0，在该区属于Ⅰ类储层，其他参数同前。如图 2-32 所示，经测井约束下的钻井液侵入反演计算，油层原始电阻率为 8.06Ω·m，浸泡 5 天后深感应测井值为 6.84Ω·m，相对于原始电阻率降低了 15%；水层反演得到原始电阻率为 1.02Ω·m，浸泡 5 天后深感应测井值为 1.82Ω·m，上升了 78%。

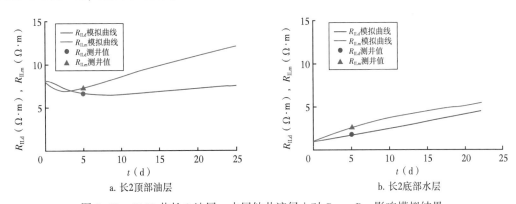

图 2-32　G109 井长 2 油层、水层钻井液侵入对 R_{ILd}、R_{ILm} 影响模拟结果

图 2-33 为孔隙度为 16.4%、渗透率为 1.5mD 的储层（在该区属Ⅱ类储层）在不同含油饱和度条件下深感应测井响应数值模拟结果。含油饱和度分别为 60%、55% 和 50% 的储

层受淡水钻井液侵入 5 天时，深感应测井电阻率分别由原始的 $8.06\Omega\cdot m$、$6.50\Omega\cdot m$ 和 $5.36\Omega\cdot m$，降低到 $6.84\Omega\cdot m$、$5.63\Omega\cdot m$ 和 $4.97\Omega\cdot m$，分别降低了 15.1%、13.3%、7.3%；侵入 5 天之后，随着侵入天数的增加，深感应测井电阻率缓慢上升。侵入 5 天时，水层（$S_o=0$）深感应测井电阻率由原始的 $1.51\Omega\cdot m$ 上升到 $2.15\Omega\cdot m$，上升了 42.4%；侵入 5 天后，随着侵入天数的增加，深感应测井电阻率继续上升。随钻井液浸泡时间增加，油层、水层深感应测井值的差别进一步减小。

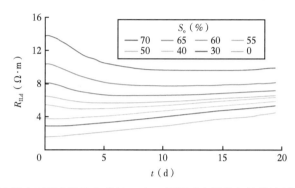

图 2-33　钻井液侵入不同含油饱和度油（水）层深感应测井与钻井液侵入时间变化关系

$C_{mf}=6600mg/L$，$C_w=80000mg/L$

　　数值模拟结果显示，受淡水钻井液侵入影响，Ⅰ类储层（$\phi\geqslant17.0\%$，$K\geqslant10.0mD$）与Ⅱ类储层相比，油层或油水同层深感应测井值降低更多，水层深感应测井值上升更多，即孔隙结构好的储层受钻井液侵入影响更大。改变钻井液矿化度（$C_{mf}=13000mg/L$）对Ⅰ类、Ⅱ类储层进行数值模拟，结果显示，钻井液矿化度增大后，油层（或油水同层）深感应测井值降低更多，而水层深感应测井值上升幅度变小。

　　由上述研究可知，在油藏幅度较低（含油饱和度较低）的背景下，淡水钻井液侵入对长 2 油层、水层深感应测井值的影响不同，其一般规律是使得油层感应测井值降低、油水同层感应测井值变化不大、水层感应测井值明显上升，造成油层、水层深感应测井值差别缩小。这也是长 2 油层测井电阻率低的主要原因之一。

3. 常规测井交会图方法

　　应用深感应测井—声波交会图方法可识别油藏中相对高部位的油层（其含油饱和度较高，测井电阻率较高，一般大于$6\Omega\cdot m$）。与水层（测井电阻率小于$3\Omega\cdot m$）相比，其电阻增大率大于 2（图 2-34）。对于测井电阻率为 $3\sim6\Omega\cdot m$ 的油层、油水同层、水层，情况比较复杂，常规交会图方法难以识别。常规交会图方法明显识别出的油层（含具工业油流的油水同层）约占总油层的1/3，而对电阻增大率小于 2 的低电阻率油层识

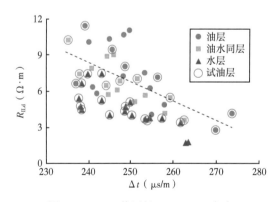

图 2-34　G19 井区长 $2_1 R_{ILd}$—Δt 交会测井常规解释图版

虚线下部为测井识别困难的低电阻率油层和具有工业油流的油水同层

别困难。

1) 侵入因子识别方法

考虑淡水钻井液侵入对油层、油水同层和水层双感应测井影响的差别，用侵入因子即 $(R_{ILm}-R_{ILd})/R_{ILd}$ 与 R_{ILd} 测井交会图（图2-35）和考虑孔隙结构（岩性、渗透性）对钻井液侵入及电测井影响的 GR 与 R_{ILd} 交会图（图2-36）联合识别油层和油水同层。考虑测井油层识别的主要影响因素时，应尽可能应用原始测井信息，避免过多人为因素干扰。如图2-35可见，油层、油水同层的侵入因子小于0.2，水层的侵入因子一般大于0.2。部分侵入因子小于0.2的泥质含量较高的水层渗透性差），可应用 GR 与 R_{ILd} 交会图辅助识别。自然伽马值大于83API的水层与含油层测井电阻率皆上升，水层深感应测井值小于6Ω·m，界限清晰。应用此方法识别油层和油水同层的有效率可达80%（包括前述典型油层）。

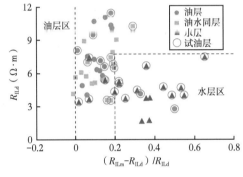

图2-35 G19井区长2段 R_{ILd} 与 $(R_{ILm}-R_{ILd})/R_{ILd}$ 交会图

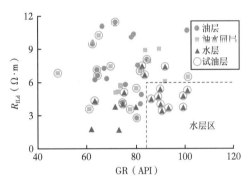

图2-36 G19井区长2段 R_{ILd} 与 GR 交会图

2) 基于油藏分析的多井对比法

通过多井对比（以每一油藏为单元），根据油藏中油层分布规律分析油水界面，位于油藏上部的层位，可按该区物性标准解释为油层或干层。这样通过多井对比和油藏分析可进一步识别低电阻率油层。例如研究区 Y64-31 井顶部油层（1968～1971m，压裂日产油13.3t）感应测井值降至3Ω·m（邻井投产已近1年，累计产油近5000t，累计产水近2000m³，低幅度底水油藏压力下降，初步分析低电阻率层为油层压力下降钻井液深侵入所致），用前述两种方法难以识别，通过多井对比，该层位于油藏高部位，且低部位试油均证实为油层（邻近 G117 井、Y12-2 井），故综合解释该层为油层（图2-37）。需要强调的是，分析低幅度油藏油水界面时必须对斜井进行精细校斜和多井对比。

通过上述3步骤，目标区块的油层和油水同层识别有效率可达90%。

二、高矿化度地层水型——以姬塬地区长9油藏为例

鄂尔多斯盆地姬塬地区长9属于次生改造油藏，层间地层水矿化度变化范围大，油藏成因及油水分布规律比较复杂，测井响应特征十分复杂。油藏充注程度低，地层水矿化度的变化削弱或抵消了含油性的增加引起的电阻率升高，降低了电阻率反映含油性的能力，使油水层界限模糊，测井解释符合率较低。导致测井解释偏高或漏判。因此，急需开展针对性的流体性质识别方法研究，提高该类储层测井解释符合率。

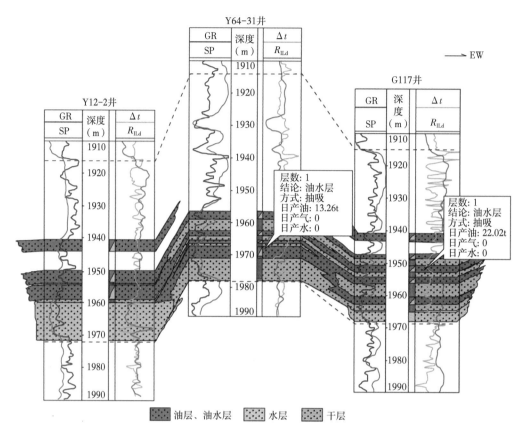

图 2-37 测井多井解释 Y64-31 井油藏顶部低电阻率油层

1. 常规交会图识别法

利用研究区 55 口井试油资料和测井资料，建立阵列感应深电阻率与声波时差交会图版，如图 2-38 所示，水层（含油水层）与油层（油水同层）电性、物性相当，甚至高于

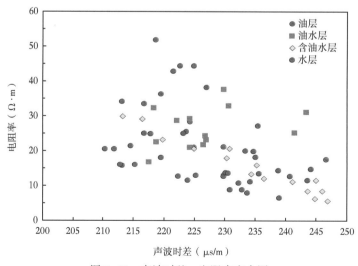

图 2-38 声波时差—电阻率交会图

油层，发育部分中—高阻水层，油水层电阻率差异小，不同含油性地层之间电阻率界限不明确，不能有效地将油层、油水层与水层、含油水层区分开。

2. 基于地层水矿化度估算的交会图识别法

在低对比度地质背景及成因机理分析的基础上，找准影响电性的关键因素，利用常规测井资料，结合试油资料，基于地层水矿化度的估算，形成有效的流体性质判识方法，提高流体性质判识能力。

姬塬地区长 9 地层水矿化度并没有表现出与构造大格局一致的特征，相邻井之间矿化度差异较大，地层水主要以局部的滞留水为主，水动力不活跃，水体交换弱。研究结果表明，局部地层水矿化度高是造成长 9 低对比度油藏的主要原因。因此为了消除地层水矿化度对电阻率的影响，引入新的含油性敏感参数视电阻增大率识别流体性质，其中表达式见式（1-6）。式（1-6）中，a、b 由岩电实验测试获得，ϕ 由高精度建模获得，深电阻率为阵列感应测井探测半径最深的曲线。因此，影响该类油层识别精度的主要参数为地层水电阻率。

研究中利用底部包络线法计算地层水电阻率（图 2-39），坐标系中的实线为最能反映 100% 含水地层的孔隙度—深电阻率关系曲线，而位于坐标系左下角包络线所包含的数据点刚好在水线附近，能够反映 100% 含水地层的电阻率信息。利用底部包络线在孔隙度—深电阻率交会图上圈出坐标系左下角的一簇能反映水层电阻率信息的数据点，结合 Archie 公式，利用这些数据点反算出地层水电阻率，然后取其平均值来代表对应的地层水电阻率。此时，认为利用底部包络线法确定的地层水电阻率能够比较真实地反映实际地层水电阻率的真实信息。

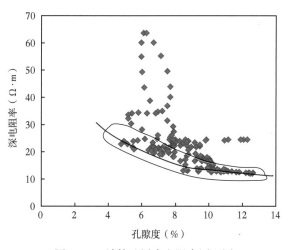

图 2-39　计算地层水电阻率原理图

利用研究区 55 口井试油资料和测井资料，建立视电阻增大率与声波时差交会图版（图 2-40）。由图可见，当视电阻增大率≥2.18、声波时差≥216μs/m 时为油层、油水同层；当视电阻增大率<2.18、声波时差<216μs/m 时为含油水层、水层。该图版能够很好地区分油层（油水同层）、水层（含油水层）。利用视电阻增大率与声波时差交会图识别储层流体性质，图版符合率达 96.1%，提高了该类油层解释的精度。

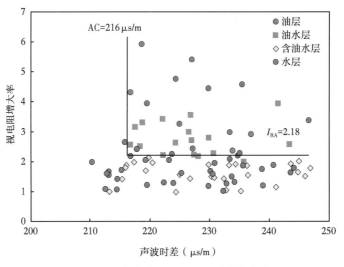

图 2-40　声波时差—视电阻增大率交会

3. 分结构图版法

姬塬地区长 9 油水关系复杂，压裂试油出水层大多数为沟通油层、油水同层底部的水层，利用常规方法建立的图版，图版符合率较低，难以建立有效的解释标准，导致测井解释符合率和试油成功率低。通过细分油层结构，分别建立了不同油层结构的测井解释图版，提高了测井解释符合率，有效解决了油水层识别问题。同时根据不同储层的结构建立了针对性的改造方案，提高了试油成功率。

通过对油层结构的分析发现，长 9 油层结构可以分为以下四种（图 2-41）。

Ⅰ：无底水，含油较好；

Ⅱ：有底水，有泥质隔层；

Ⅲ：有底水，无隔层；

Ⅳ：条带状不均匀含油。

姬塬地区长 9 压裂试油层中底水有遮挡型和无底水型的油层结构居多，多为高产井。底水无遮挡型有少部分井产油，但产量难以达到工业油流。条带状不均匀含油型则由于含油性差，很少能够出油。

针对四种油层结构，分别建立了声波时差—电阻率交会图版，如图 2-42 所示，底水有遮挡型的电性下限为 $13\Omega\cdot m$，无底水型电性下限相对较高，为 $16\Omega\cdot m$。

4. 细分小层图版法

在多井对比精细划分小层的基础上，结合测井响应特征，分小层分别建立了长 9_1、长 9_2 流体性质识别图版。如图 2-43 所示，当 $R_t\geq 8\Omega\cdot m$、$AC\geq 225\mu s/m$ 时为油层、油水同层，其中油层电阻率大于 $10\Omega\cdot m$；当 $R_t<8\Omega\cdot m$、$AC<225\mu s/m$ 时为水层。如图 2-44 所示，当 $R_t\geq 20\Omega\cdot m$、$AC\geq 217\mu s/m$ 时为油层、油水同层，当 $R_t<20\Omega\cdot m$、$AC<217\mu s/m$ 时为水层。细分小层图版法能有效识别油层、油水同层、含油水层、水层，应用效果良好。

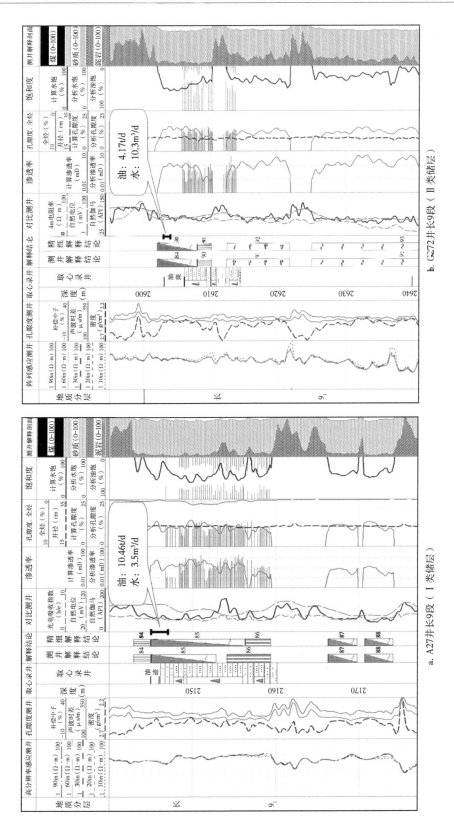

图 2-41　姬塬地区长 9 典型油层结构图

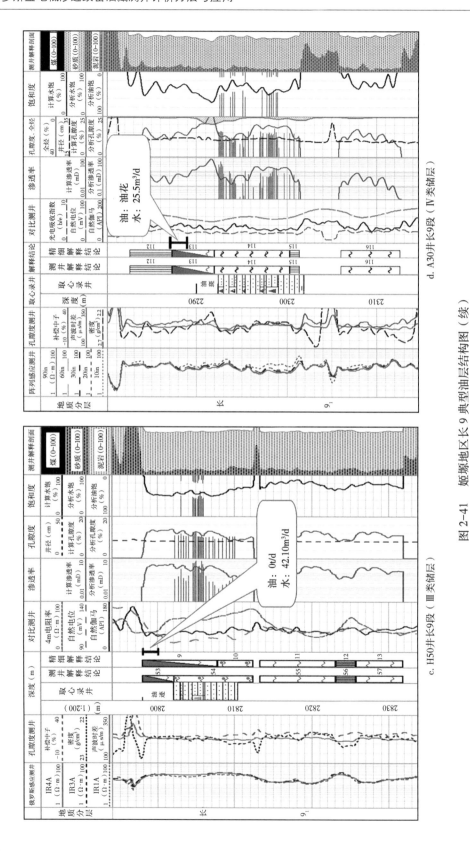

图 2-41 姬塬地区长 9 典型油层结构图（续）

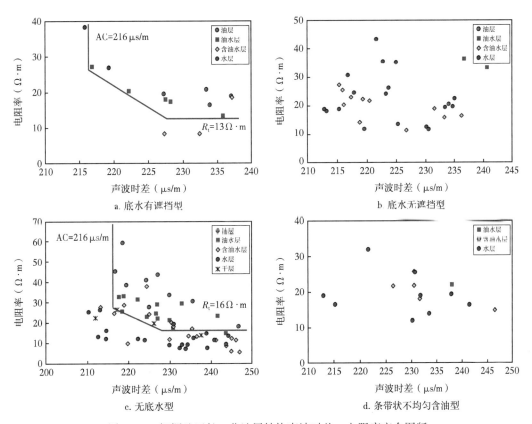

图 2-42　姬塬地区长 9 分油层结构声波时差—电阻率交会图版

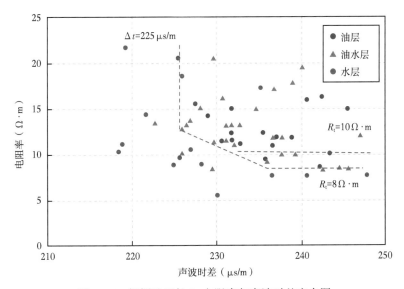

图 2-43　姬塬地区长 9_1 电阻率与声波时差交会图

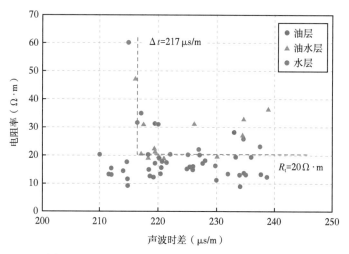

图 2-44　姬塬地区长 9_2 电阻率与声波时差交会图

第四节　其他复杂油水层测井识别方法

由于黏土类型的影响，姬塬地区长 4+5 及长 6、陕北地区长 6 发育高自然伽马储层，该类储层的有效厚度划分难。由于复杂润湿性的影响及油藏的二次运移，华庆地区长 8、镇北地区长 8 等发育高阻油水层，该类储层的流体性质判识难。这些储层的电性主控因素使得测井信息对储层流体组分和矿物组分的响应更加复杂，电阻率反映储层含油性具有一定的不确定性。测井需要分析复杂储层的成因，建立针对性的测井解释方法，提高对复杂储层的测井评价能力。

一、高阻水层测井识别方法

鄂尔多斯盆地陇东地区长 8 油藏是长庆油田近期勘探开发的重要目标。勘探及前期开发结果表明该地区长 8 发育高阻水层，与油层区分困难，压裂改造试油出水量较大，油水分布规律复杂，严重影响了勘探试油选层及油田开发工作。因此，搞清高阻水层成因，提出有针对性的识别方法，具有十分重要的意义。

1. 高阻水层测井响应特征

陇东地区长 8 高阻出水层的测井响应特征为电阻率 29~86Ω·m，声波时差为 215~239μs/m，自然电位比值大于 0.8，表现为中—高电阻率、中—低声波时差特征，与部分油层电性特征基本相当，如 B254 井长 8_1 段 2195~2210.5m 储层平均感应电阻率为 46.8Ω·m，平均声波时差为 219.4μs/m，加砂压裂见油花，产水 45.90m³/d，分析水矿化度为 45.91g/L，水型为 $CaCl_2$，属于与外界完全隔绝的残余地层水（图 2-45）。B248 井长 8_1 段 2161.9~2167.23m，储层声波时差为 228.5μs/m，感应电阻率为 36.9Ω·m，压裂改造获得 6.38t/d 的工业油流（图 2-46）。从两口井的测井响应特征看，出水井的电阻率、声波时差略高于出油井，而且正常油层与高阻水层伴生，按照常规解释方法识别储层流体性质难度大，解释结论明显偏高。

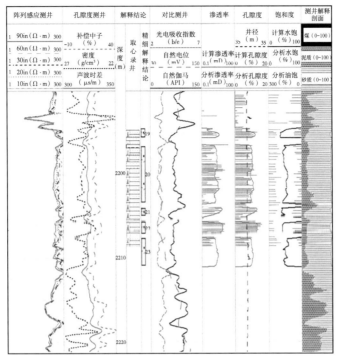

图 2-45　B254 井长 8_1 高阻水层测井曲线特征

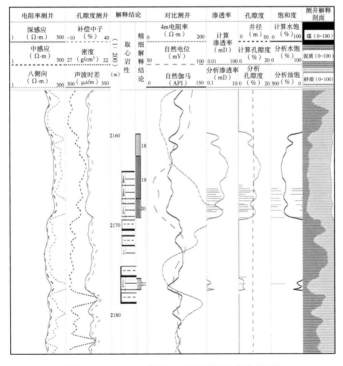

图 2-46　B248 井长 8_1 油层测井曲线特征

2. 高阻水层成因

通过镜下薄片观察可知，陇东地区长 8 储层砂岩绿泥石膜发育，在黏土矿物中相对百分含量分布范围为 2.2%~90%，平均值为 36.4%，其以环边状附着在石英颗粒内表面，吸附早期充注的油，形成绿泥石膜—有机质复合体（图 2-47），该类黏土—有机质复合体造成长 8 储层润湿性具有偏亲油的特征。利用自吸法测试表明长 8 储层的润湿性主要以中性—亲油为主（图 2-48）。

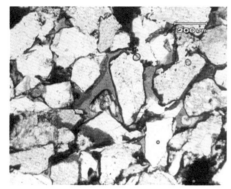

a. 薄片观察绿泥石膜（2202.65m）

b. 镜下有机质荧光反映（2202.65m×200）

图 2-47　B254 井长 8_1 镜下观察绿泥石膜—有机质复合体图片

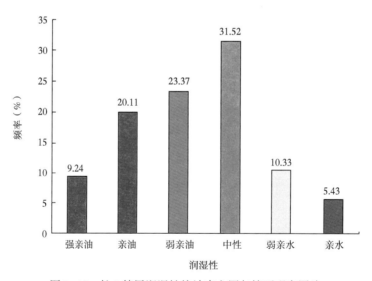

图 2-48　长 8 储层润湿性统计直方图与镜下观察图片

在同样的饱和度条件和亲水状态下，原油位于孔隙中心位置，微孔隙水和岩石表面的薄膜水能形成连续导电路径，储层电阻率呈相对低值。混合润湿、中性—亲油等润湿性会使孔隙水导电路径的卡断或复杂化（图 2-49），储层电阻率呈相对高值。因此，当储层亲油时，由于自吸和颗粒表面的吸附作用，形成"油包水"的状态，水相容易流动，在油富集程度较低时，试油难以达到预期效果。从 B269 井长 8_2 岩样半渗透隔板法岩电测试结果看（图 2-50），当含水饱和度为 50%时，偏亲油的 24 号岩石样品其电阻率高达 $105\Omega \cdot m$，该岩样所在储层经压裂、试油，获得 21.20t/d 的高产油流，因此亲油储层要获得工业油流或高产油流需要更高的电阻率。

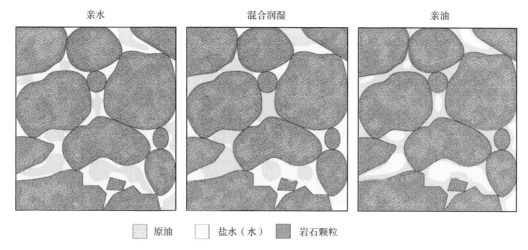

亲水　　　　　　　　　混合润湿　　　　　　　　　亲油

□ 原油　　□ 盐水（水）　■ 岩石颗粒

图 2-49　不同润湿性岩样油水在岩石孔隙中的分布示意图
三种情况有相似的含油饱和度和含水饱和度

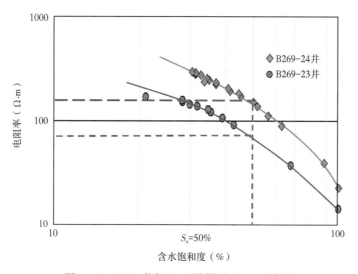

图 2-50　B269 井长 8_1 两块样品 R_t—S_w 关系

3. 高阻水层测井识别方法

1）阵列感应电阻率侵入分析法

由于钻井液滤液侵入的影响，阵列感应测井的五条曲线存在一定差异。陇东地区长 8 的油层、高阻水层的测井响应特征表明：油层主要表现为减阻侵入或微侵特征，高阻水层主要表现为增阻侵入特征。因此，利用阵列感应测井侵入特点，提出了径向电阻率侵入分析法，其计算方法如下：

$$F = （AT_{90} - AT_i） / AT_{90} \tag{2-21}$$

式中 AT_{90}——探测深度为 90in 的阵列感应测井曲线；

AT_i——探测深度为 10in、20in、30in、60in 的阵列感应曲线，$i = 10、20、30、60$；

F——电阻率梯度因子。

基于式（2-21）应用陇东地区长 8 段 6 口试油获得工业油流井、1 口油水层井和 7 口高阻水层井提取特征点作径向电阻率梯度因子分析图版（图 2-51），油层一般表现为减阻侵入或微侵，径向电阻率梯度因子为正值；高阻水层为高侵，径向电阻率梯度因子为负值，油水层的径向电阻率梯度因子有正有负，主要为正值。

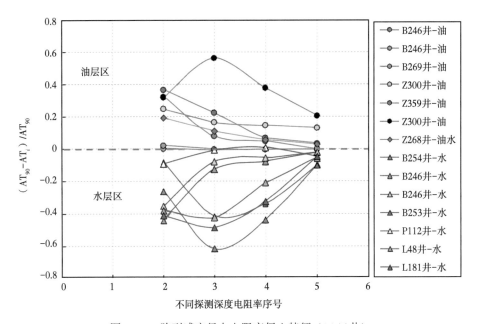

图 2-51 阵列感应径向电阻率侵入特征（14 口井）

如图 2-52 所示，在 2204.5~2211m 井段，阵列感应电阻率为 123Ω·m，曲线特征为减阻侵入，加砂压裂试油获得 26.2t/d 工业油流。如图 2-53 所示，在 2134~2138m 井段，阵列感应电阻率为 78Ω·m，曲线特征为增阻侵入，加砂压裂试油 0.6t/d，产水 45.90m³/d。

对陇东地区长 8 段 70 口阵列感应电阻率测井数据进行了侵入因子与试油结果分析，除个别井侵入特征不明显外，大部分解释结果与试油结果基本符合，符合率约为 86%。

2）微差分析法

针对开发井仅有声感测井系列的现状，根据亲油储层深感应电阻率（R_t）—声波时差（Δt）包络曲线形态相关特征，提出了微差分析法识别流体性质。具体方法为：深电阻率方向绘制，并与声波时差包络线填充，如果 R_t—Δt 包络面积大，呈凸形，则表明储层含油性较好，该类储层一般不出水；R_t—Δt 包络面积较小或基本没有包络面积，呈凹形，则表明含油性较差，该类储层较容易出水。

Z489-41 井长 8_1 亚段 2318~2332m，深感应电阻率与声波时差曲线充填面积呈凸形（图 2-54），加砂压裂产油 27m³/d，而在 Z500-49 井长 8_1 亚段 2367~2382m 反刻度深感应电阻率与声波时差曲线充填几乎无包络（图 2-55），加砂压裂产水 28.8m³/d。

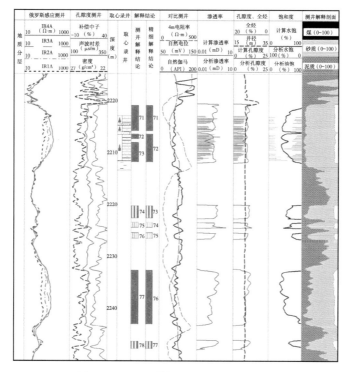

图 2-52　B465 井长 8_1 测井解释成果图

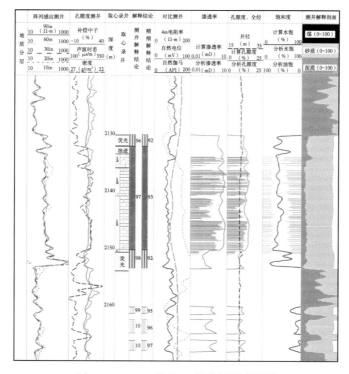

图 3-53　B456 井长 8_1 测井解释成果图

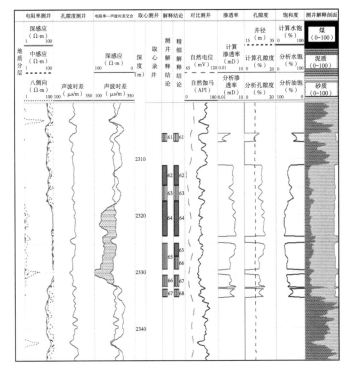

图 2-54　Z489-41 井长 8_1 测井解释成果图

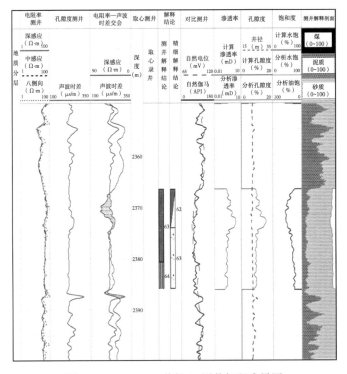

图 2-55　Z500-49 井长 8_1 测井解释成果图

针对开发区 112 口已试油井，提取 132 个小层数据点，根据电阻率—声波时差填充呈现凹形、凸形分类建立油水识别图版（图 2-56），误出点仅 3 个，大幅度提高了图版精度。据此图版重新解释 47 口井，电阻率呈凹形储层一般产水，11 层中有 10 层符合，符合率为 90.9%；凸形一般产油居多，36 层中 33 层符合，符合率为 91.7%。

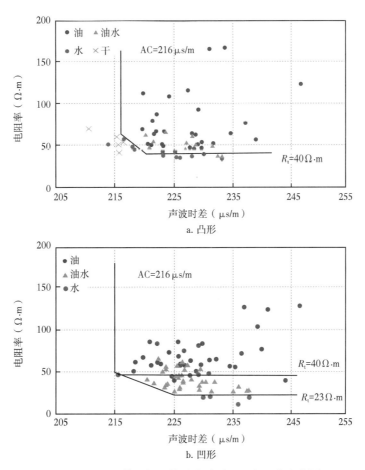

图 2-56　B168 井区长 8 储层声波时差—电阻率交会图

3）核磁共振扫描测井识别法

核磁共振扫描（MR Scanner）测井能实现在多频率下一次完成多个探测深度的地层信息采集，主要研究储层的横向弛豫时间 T_2、纵向弛豫时间 T_1、流体扩散系数 D 和内部磁场梯度 G。图 2-57 为根据核磁共振扫描点测数据绘制的扩散系数与 T_2（或 T_1）关系得到储层流体识别图，能够区分油、气和水。该图左下部分中利用井底压力和温度数据计算出气线（红色），利用井底地层温度数据计算出水线（蓝色），油线（绿色）显示了具有不同黏度时油的位置，左下方为稠油，右上方是轻质油和凝析油。

如图 2-57 所示，储层中气的扩散系数最大，利用扩散系数可以将气与油或水分开（D 轴）；在 T_1 及 T_2 观测轴上，气与轻质油可能重合，随着油的黏度增加，T_1 及 T_2 会逐渐变小。由于油气水的扩散系数不同，通过 D 轴与 T_1 或 T_2 结合观测，可以将油气水分开。以上参数通过二维反演，可以得到不同径向探测深度的 T_2—T_1、T_2—D、T_1—D 的二维图，从而可以得到钻井液侵入剖面流体的径向变化特征，更加准确地判识储层流体性质。

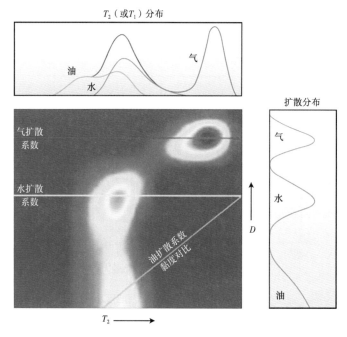

图 2-57 核磁共振扫描扩散系数与 T_1 或 T_2 图

M23 井长 8 平均孔隙度为 6%，渗透率为 0.10mD，为低孔低渗透储层，常规测井解释难度大。为了更准确地判定流体性质，该井加测了核磁共振扫描测井，通过对该井长 8 段 2438.552m 处储层点测，得到了不同径向探测深度的 T_2、T_1 及 D 的径向剖面图（图 2-58），径

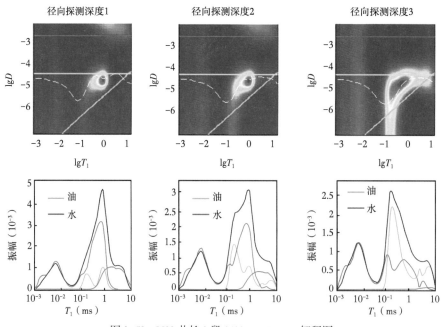

图 2-58 M23 井长 8 段 2438.55m T_1—D 解释图

向上随着探测深度增加（从径向探测深度 1 到径向探测深度 3），油水显示区域逐渐由水线向油线靠近，大部分位于水线与油线之间，部分已经位于油线上的轻质油区附近，且显示区域非常靠近水线与油线交会处，可以判识随着探测深度的增加，地层孔隙中水的组分逐渐减少，油的组分逐渐增加。从 T—D 图上判识储层含水，也有油的信息，考虑到该仪器探测区域主要为冲洗带，结合电阻率测井将该储层解释为油层，加砂压裂试油获得 10.88t/d 的工业油流，也验证了核磁共振扫描测井解释结论的可靠性。

利用上述流体性质识别方法对 2011—2012 年陇东地区 2298 个层进行解释，解释符合率达到 97.2%，应用效果较好。

二、高伽马储层测井识别方法

受复杂放射性矿物的影响，长庆油田姬塬地区、白豹地区延长组等储层相继出现放射性异常现象，使得利用自然伽马测井划分储层，解释岩性剖面的适应性变差，出现高自然伽马砂岩或大段砂泥不分的剖面，将丢失有效储层。搞清高自然伽马储层的成因，研究高自然伽马储层的有效识别方法是亟待解决的问题。

1. 高伽马储层测井曲线特征

高伽马储层是与常规的砂岩储层相比，自然伽马呈高值，且与泥岩段接近的砂岩层。姬塬地区、白豹地区发现砂岩存在高自然伽马异常，整体自然伽马呈高值，无法区分有效储层，如用自然伽马识别岩性，与取心结果不符，将丢失储层的有效厚度。图 2-59 为长庆油田典型的高自然伽马储层（红色虚框线所示），自然伽马平均值为 103API，砂岩段

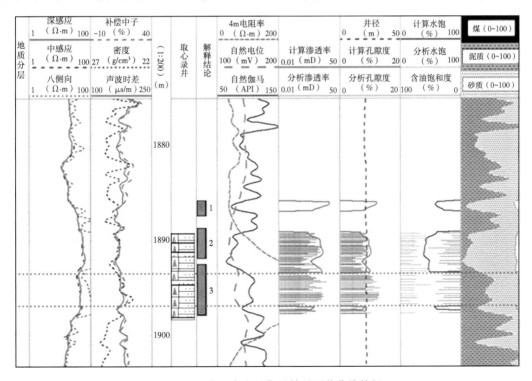

图 2-59　典型高自然伽马储层测井曲线特征

自然伽马基值为 50API，按照常规岩性识别法，该段地层岩性应解释为砂质泥岩，但该段取心岩性为褐灰色油斑细砂岩，含油面积为 3%~35%，分析孔隙度为 11.85%，平均渗透率为 0.7mD，为较好的储层，自然伽马显示与取心结果不相符。

2. 高自然伽马储层成因分析

高自然伽马储层主要是地层中的矿物成分、黏土类型的变化及黏土颗粒吸附放射性有机分子引起的。盆地内姬塬地区长 4+5、白豹地区长 6 储层放射性主要源于长石骨架颗粒、云母、高岭石等黏土矿物。

统计姬塬地区、白豹地区高伽马砂岩储层黏土 X 射线衍射分析、薄片分析知高自然伽马储层：（1）骨架颗粒中长石类矿物含量较高，长石类的含量为 47.23%（表 2-7），常规自然伽马储层长石类矿物含量为 38.63%，使白豹地区长 6 自然伽马整体呈高值；（2）具放射性的云母类矿物约占黏土体积的 30%；（3）高岭石含量较常规储层高，产于沉积岩中的高岭石常含有 K^{40}、U 和 Th；（4）黏土矿物含量为 26.95%，较常规伽马储层高 9.30%，其中绿泥石膜含量较高，其黏土颗粒表面能吸附有机分子。上述原因使白豹地区长 6、姬塬地区长 4+5 储层出现高钍现象，局部出现高铀特征。放射性元素多以吸附方式、阳离子交换形式、杂质方式存在于矿物或矿物的集合体中。另外，地层中放射性元素的分布规律还与成岩作用、地下水的活动等因素有关。

表 2-7　高自然伽马储层与常规储层部分组分对比表　　　　单位:%

类　别	石英	长石类	云　母	水云母	高岭石	绿泥石膜	绿泥石	黏土矿物含量
高自然伽马层	22.78	47.23	6.25	3.09	4.53	9.71	0.25	26.95
常规储层	21.57	38.63	4.05	1.08	0.20	4.25	0.08	17.65

注：样品数 67，选自姬塬地区长 4+5、白豹地区长 6。

表 2-8　黏土矿物测井特征值

黏土类型	铀含量（mg/kg）	钍含量（mg/kg）	钾含量（%）	Th/K	密度（g/cm³）
高岭石	4.4~7	6~19	（0~0.5）/0.63	11~30	（2.4~2.7）/2.64
蒙皂石	4.3~7.7	0.8~2	（0~1.5）/0.22	3.7~8.7	（2~2.5）/2.35
伊利石	8.7~12.4	10~25	（3.51~8.31）/5.2	1.7~3.5	2.7~2.9
绿泥石	17.4~36.2	0~8	（0~0.3）/0.2	11~30	2.76

从表 2-8 可知黏土矿物在能谱测井中表现为：（1）伊利石具有明显的高钾特征；（2）高岭石具有明显的高钍低钾特点；（3）绿泥石与高岭石的矿物测井响应特征非常接近。对 A1 井、A2 井加测了自然伽马能谱测井项目，基于自然伽马能谱测井对砂岩高伽马储层成因进行了分析，高伽马异常的贡献主要为钍，局部出现高铀现象（图 2-60）。

3. 高自然伽马储层测井识别方法

1）地层元素俘获谱（ECS）测井

地层元素俘获谱测井利用不同的元素俘获中子的能力不同将地层中、井眼中元素 H 和 Cl，地层骨架中 Si、Ca、Fe、S、Ti 等元素区分开。经过计算、处理可以得到地层中矿物含量，可识别复杂岩性地层。

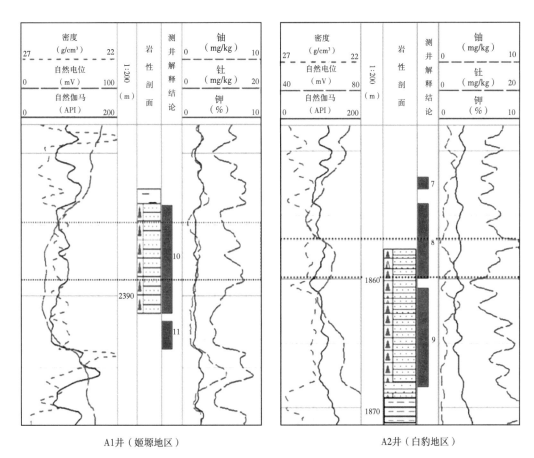

图 2-60　高自然伽马储层能谱曲线特征

B 井 2995.34~3003.34m 井段取心为 8m 的石英砂岩，常规自然伽马测井岩性解释与取心不符。ECS 测井在该段测量结果显示，储层中硅的含量在 85%~90%，解释 7.5m 砂岩，与取心比较吻合（图 2-61）。在钍—钾—去铀伽马值交会图上，泥质类型主要表现为混层黏土（图 2-62），可见自然伽马高值主要是由于黏土类型的变化引起，并非是泥质含量增大。在这种情况下，利用自然伽马计算储层泥质含量，必然导致有效厚度减小。

通过 B 井的地层元素俘获谱测井结果得出一个重要结论，高自然伽马地层并非泥质层，而有可能是很好的储层。因此，可以应用地层元素俘获谱测井标定目前的常规测井，同时寻求更合理的解释方法，弥补常规测井的不足。

2）高自然伽马储层泥质含量计算

高自然伽马有效储层含有放射性物质时仅引起自然伽马值升高，即自然伽马曲线与其他曲线不匹配，而三孔隙度曲线（声波时差、密度、补偿中子）具有很好的匹配关系，自然电位曲线也表现出较大负异常（地层水矿化度大于钻井液滤液矿化度时）；泥岩层自然伽马值升高，其地层密度响应也增加，因为研究区黏土矿物主要有高岭石、云母，其密度平均值大于 $2.60\mathrm{g/cm^3}$。

基于高自然伽马储层的成因和在测井曲线上的表征，有以下两种计算高自然伽马有效储层泥质含量的方法。

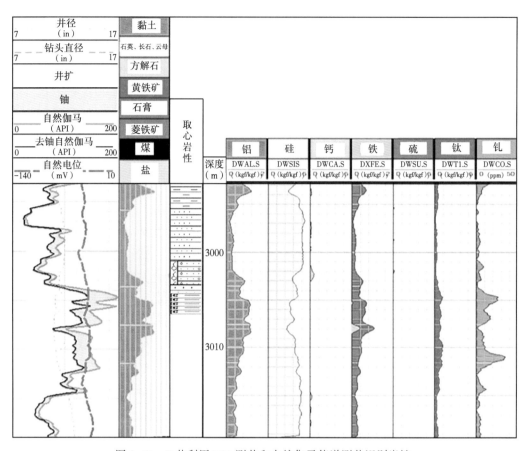

图 2-61　B 井利用 ECS 测井和自然伽马能谱测井识别岩性

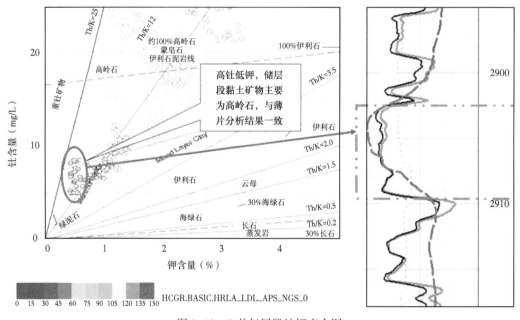

图 2-62　C 井气层段钍钾交会图

（1）基于 Geoframe 平台的综合反演。

综合利用储层中岩石矿物成分在不同曲线上的反映，求取地层泥质含量，此方法的特点：采用多参数优化方法而非单一方程求解地层组分，对测井信息的利用率高；可根据测井曲线质量或地层组分对测井值的贡献调整方程权重，能同时采用多个解释模型进行优化计算，然后自动合成最终解释结果；避免了单一利用自然伽马计算泥质含量的缺点，能有效识别高自然伽马储层。在综合反演中需降低自然伽马曲线的权重，提高密度、自然电位、补偿中子曲线的权重。如图 2-63 所示，在 2058.2~2060.3m 井段处，第 9 道利用自然伽马计算泥质含量平均值为 36.25%，不能有效识别该井段高伽马储层；第 8 道利用密度、自然电位、补偿中子综合反演计算砂泥岩剖面，泥质含量平均值为 23.07%，储层参数与取心分析吻合很好，储层有效厚度增加了 4.5m。

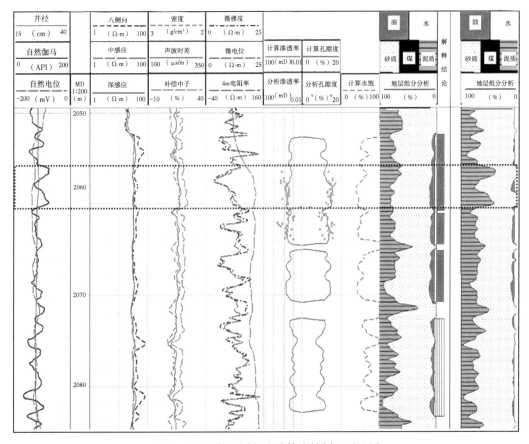

图 2-63　D 井不同方法计算岩性剖面对比图

（2）补偿中子—密度交会。

由于中子测井、密度测井对泥质及油气反应比较灵敏，而且不像声波测井那样易受泥质分布形式和砂岩压实程度的影响，因而对于自然伽马不能很好地反映地层泥质含量的高伽马储层，而中子、密度、声波时差匹配关系好，自然电位呈负异常，可利用中子—密度交会法求取泥质含量。其理论公式的推导基于砂泥岩的岩石体积物理模型，忽略残余油气，且假设利用补偿中子、密度计算储层孔隙度相等，泥质含量计算公式如下：

$$V_{sh} = (\phi_N - \phi_D)/(\phi_{Nsh} - \phi_{Dsh}) \qquad (2-22)$$

其中：
$$\phi_D = (\rho_{ma} - \rho_b)/(\rho_{ma} - \rho_f), \quad \phi_D = (\rho_{ma} - \rho_{sh})/(\rho_{ma} - \rho_{mf}) \qquad (2-23)$$

$$\phi_N = (\phi_{Nma} - \phi_N)/(\phi_{Nma} - \phi_{Nmf}), \quad \phi_{Nsh} = (\phi_{Nma} - \phi_{Nsh})/(\phi_{Nma} - \phi_{Nmf}) \qquad (2-24)$$

式中 V_{sh}——泥质含量，%；

ρ_{ma}，ρ_{sh}，ρ_{mf}——分别为纯砂岩骨架、泥质、钻井液滤液的密度，g/cm^3；

ϕ_{Nma}，ϕ_{Nsh}，ϕ_{Nmf}——分别为纯砂岩骨架、泥质、钻井液滤液的中子孔隙度，%。

D 井利用补偿中子与密度曲线交会（图 2-64），如果二者的填充面积窄或二者重合，则指示的是高自然伽马砂岩储层，如果二者的填充面积较宽，则指示为非储层。D 井 1887~1889m、1894~1898m 井段属高自然伽马储层，利用补偿中子—密度交会能很好识别，储层的有效厚度增加了6.0m。

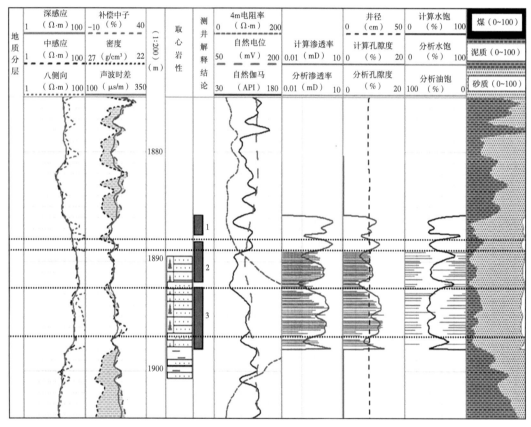

图 2-64　E井中子—密度交会计算泥质含量

经过统计，在鄂尔多斯盆地利用以上方法识别高自然伽马储层 50 余口，其中 13 口井储层的有效厚度显著增加（表 2-9），增加了研究区参与储量计算的有效厚度，取得了良好的应用效果。

表 2-9　利用高自然伽马识别方法储层有效厚度增加表

井号	层位	高自然伽马井段 （m）	增加有效厚度 （m）
X43	长 4+5	2246.2~2248.4	2.2
X60	长 4+5	2385.0~2389.5	4.5
Y62	长 4+5	2014.1~2016.4	5.3
		2095.0~2098.0	
Y74	长 4+5	2189.8~2192.8	8
		2193.6~2198.6	
Y87	长 6	1883.4~1885.5	2.1
Y91	长 4+5	1886.8~1889.0	6
		1893.0~1896.8	
Y94	长 6	2088.0~2090.0	2
Y95	长 6	2159.4~2162.4	3
Y98	长 4+5	2197.6~2201.2	5
		2208.6~2210.0	
Y211	长 6	1874.0~1876.2	8.9
		1907.2~1913.9	
Y220	长 4+5	2202.3~2207.1	4.8
Z209	长 6	2057.7~2060.5	2.8
Z216	长 6	2135.3~2138.6	16.4
		2153.4~2157.0	
		2159.6~2160.6	
		2161.8~2170.1	

第三章 低渗透致密油藏测井
定量评价技术

低孔低渗透致密储层的测井评价重点主要为储层的孔隙结构评价及含油性评价，而该类高充注油藏的储层孔隙度、渗透率极低，砂体结构多样，孔隙结构复杂，导致测井响应特征复杂，使得直接利用测井资料难以准确评价该类储层。研究表明，低渗透致密储层的成岩相控制着储层的孔隙结构，储层的孔隙结构对含油性有一定的影响，优势成岩相储层孔隙结构好，含油丰度高。孔隙结构评价的准确性直接影响储层含油性，甚至影响产能评价精度，因此，本章利用测井资料连续划分地层的成岩相，在成岩相的约束下开展储层孔隙结构分类评价，并建立分类成岩相约束下的定量解释模型来提高低渗透致密储层测井定量评价精度。

第一节 成岩相测井识别技术

低渗透储层往往经历了复杂的成岩作用过程，尤其是对孔隙保存不利的成岩作用，如压实、胶结作用等。低渗透砂岩储层孔渗条件相对较好的部分往往与有利于原生孔隙的保存和次生孔隙的形成等成岩作用有关。烃源岩生烃过程中酸性水介质若进入储层，则会溶解储层岩石固相颗粒中的易溶蚀组分，如长石、岩屑等。溶蚀产生的新物质（各种离子和后续化学作用产生的矿物等）如能被水介质带出发生溶蚀作用的储层，则溶蚀作用对次生孔隙的形成又起到建设性作用。

成岩相是地质家对某种岩石在漫长地质历史过程中经历了各种成岩作用后而形成的客观存在的一种区分与定义，一种成岩相区别于其他成岩相的实质表现在其岩石学、矿物学特征、胶结物、胶结类型以及颗粒接触关系、排列方式和孔隙微观几何特征等方面。目前对于油气储层的成岩作用研究和成岩相划分主要是根据（钻井）取心井段岩心样品的相关分析，特别是对能够反映岩心样品微观特征的扫描电镜、铸体薄片、阴极发光资料的分析来完成。然而，基于取样困难和节约成本的考虑，岩心薄片资料较为有限，利用薄片分析资料只能确定某个深度点的成岩相，而不能连续反映储层的成岩相。

测井技术获取的地层信息主要是地层岩石各种（宏观）物理性质，如密度、电阻率、含氢指数、声波传播速度、元素或矿物组分、与颗粒大小相关的泥质含量等的反映，且测井具有连续记录钻遇地层各种岩石物理信息的技术特点。地质家的研究对象与测井仪器所响应的对象是相同的，不同之处在于对地层岩石对象的观测（响应）手段与观测方式。因此，如果能够根据有限的岩心分析资料确定成岩相划分及成岩作用的研究成果，找出对应不同成岩相储层的常规测井响应特征，进而建立成岩相测井识别及评价方法和技术，对低渗透砂岩储层的识别和评价，以及寻找有利的含油气富集区起到积极作用。

一、姬塬地区长 8 储层成岩相类型及其地质特征

1. 姬塬地区长 8 储层成岩相类型

岩石经历过沉积、多旋回构造和复杂的成岩作用，是综合地质作用的产物。然而，其中必有一种或两种以上因素起主要作用，控制孔隙演化，决定其最终面貌。主要类型的填隙物及其含量对于岩石物性也具有决定性的影响。因此，成岩相采用控制物性的主要胶结物类型、产状和成岩作用联合命名，出现两种以上作用时则采用复合命名法。根据以上原则结合主要成岩现象，在对姬塬地区 53 口井长 8 储层 445 块薄片观察和 94 口井 1650 张薄片鉴定资料分析的基础上，结合岩心照片，将姬塬地区长 8 储层的成岩相划分为绿泥石衬边弱溶蚀相、不稳定组分溶蚀相、构造裂缝相、压实致密相、高岭石充填相和碳酸盐胶结相等六种主要类型。同时，依据各种不同成岩相对储层的改造作用及影响，将其划分为两大类，即建设性成岩相和破坏性成岩相。建设性成岩相包括绿泥石衬边弱溶蚀成岩相、不稳定组分溶蚀成岩相和构造裂缝成岩相，具备该类成岩相的储层孔隙度较高，且次生孔隙较为发育，孔隙连通性好，渗透率高，是姬塬地区主力含油储层；破坏性成岩相包括压实致密成岩相、高岭石充填成岩相和碳酸盐胶结成岩相，具备该类成岩相的储层由于压实作用、高岭石充填作用和碳酸盐胶结作用导致储层的孔隙度小，孔隙喉道窄，渗透率低，油气在运移过程中难以克服毛细管阻力进入孔隙空间，一般为干层或者非储层。

2. 不同成岩相储层的地质特征

1）绿泥石衬边弱溶蚀成岩相

绿泥石衬边弱溶蚀成岩相常发育于三角洲前缘水下分流河道、河口坝等微相砂体的中间部位，主要岩性包括细砂岩、粉细砂岩等，砂岩分选中—好。成岩特征为石英颗粒边缘绿泥石膜发育，长石颗粒部分溶蚀或全部溶蚀。孔隙类型以原生粒间孔为主，少量溶蚀孔。长石和岩屑是主要被溶蚀的物质，形成粒内孔、铸模孔及溶蚀扩大粒间孔。自生绿泥石通过增加岩石机械强度对各种成因的孔隙起保护作用，同时抑制了石英的次生加大。物性一般较好，是研究区最有利储油的成岩相，典型绿泥石衬边弱溶蚀成岩相储层岩石薄片如图 3-1a 所示。

2）不稳定组分溶蚀成岩相

不稳定组分溶蚀成岩相常发育于三角洲前缘或三角洲平原分流河道、水下分流河道等沉积微相环境，主要岩性为细砂岩、粉细砂岩等，砂岩分选中—好。在强压实作用下砂岩中颗粒接触关系主要为线状和凹凸状，颗粒排列紧密。局部发育溶蚀孔隙，长石和岩屑发生较强的溶蚀作用，形成次生溶孔，是研究区较好的储层，不稳定组分溶蚀成岩相储层的孔隙度一般为 8%～12%，物性较好，有利于油气的聚集。典型不稳定组分溶蚀成岩相储层岩石薄片如图 3-1b 所示。

3）构造裂缝成岩相

构造裂缝成岩相储层在各种微相和岩性地层中均可发育，但砂岩较为常见。姬塬地区储层以垂直构造缝为主，裂缝密度低，常成组发育，相应的储层物性较好。典型构造裂缝成岩相储层岩心照片如图 3-1c 所示。

4）压实致密成岩相

压实致密成岩相储层常发育于三角洲前缘的分流间湾、席状砂等沉积相带。储层主要

岩性为泥岩、粉砂质泥岩、泥质粉砂岩等。黑云母、千枚岩、板岩等塑性岩屑含量较高，石英颗粒含量相对较低。在强压实作用下，砂岩中颗粒接触关系主要为线状和凹凸状，颗粒排列紧密，塑性岩屑弯曲变形强烈，局部发育少量溶蚀孔隙。由于杂基含量高，压实作用强烈，颗粒以点线接触，压溶现象少见或较弱，该类成岩相储层的物性较差，孔隙度小于10%，面孔率小于1%。典型压实致密成岩相储层岩石薄片如图3-1d所示。

a. 典型绿泥石衬边弱溶蚀成岩相储层岩石薄片鉴定结果（L31井，2822.45m）

b. 典型不稳定组分溶蚀成岩相储层岩石薄片鉴定结果（G88井，2744.96m）

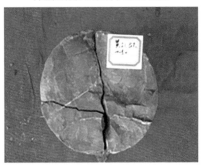

c. 典型粉砂岩垂直裂缝成岩相储层岩石岩心照片（H51井，2028.0m）

d. 典型压实致密成岩相储层岩石薄片鉴定结果（Y189井，2220.02m）

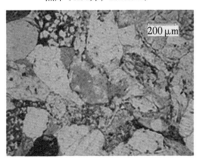

e. 典型高岭石充填成岩相储层岩石薄片鉴定结果（H3井，2571.42m）

f. 典型碳酸钙成岩相储层岩石薄片鉴定结果（L1井，2499.07m）

图3-1　不同成岩相储层的岩石薄片鉴定结果

5）高岭石充填成岩相

高岭石充填成岩相储层常发育于三角洲平原分流河道和水下分流河道。主要岩性为细粒长石砂岩和岩屑长石砂岩。高岭石的产生多与砂岩中不稳定组分的溶蚀密切相关，不稳定组分溶蚀后，若砂岩孔隙结构较好，孔隙水流动性强，杂基中溶出的 Al^{3+}、Ca^{2+} 等多被带走，有少量的沉淀下来，形成沉淀高岭石。在姬塬地区延长组长 8 储层中，高岭石的沉淀作用会减少一部分孔隙，使储层的物性变差。高岭石充填作用对有利储层的形成具有破坏作用，是破坏性成岩相类型。典型高岭石充填成岩相储层岩石薄片如图 3-1e 所示。

6）碳酸盐胶结成岩相

根据胶结物类型的差异，碳酸盐胶结成岩相又可细分为铁方解石胶结成岩相和铁白云石胶结成岩相。大量的薄片鉴定结果表明，姬塬地区长 8 储层主要发育铁方解石成岩相，铁白云石胶结成岩相局部发育。碳酸盐胶结成岩相主要发育于分流河道、河口坝等较厚砂体顶部和底部，厚 1~2m，与砂岩顶底接触处泥岩较发育。主要岩性包含细砂岩、粉细砂岩等，砂岩分选中—好。碳酸盐胶结成岩相砂岩中，碳酸盐胶结物含量高，胶结物主要为方解石和含铁方解石，可达 8%~10%，呈充填孔隙式胶结或嵌晶式胶结，代表早期胶结而晚期未发生明显溶蚀的储层类型。储层孔渗性很差，属于致密储层。碳酸盐胶结成岩相偶尔出现于三角洲分流河道和河口坝砂体中，没有固定的分布规律。典型碳酸盐胶结成岩相储层岩石薄片如图 3-1f 所示。

大量的岩心薄片和 FMI 成像测井分析表明，姬塬地区长 8 储层构造裂缝的形成晚于油气成藏阶段，且大多数为宽度较小的充填缝，对油藏的改造作用不明显，现有的常规测井资料对构造裂缝成岩相储层难以准确识别，因此，只考虑对绿泥石衬边弱溶蚀成岩相、不稳定组分溶蚀成岩相、压实致密成岩相、碳酸盐胶结成岩相和高岭石充填成岩相储层的识别。

二、不同成岩相储层的测井响应特征

对于不同成岩相储层，由于其发育环境的不同，导致储层岩性和分选性均存在差异，而且地层受到五种不同成岩作用的影响，会导致相应的储层物性和孔隙结构特征的差异。利用常规自然伽马测井和自然电位测井可以反映储层的岩性和沉积环境差异，而密度测井、声波时差测井和中子孔隙度测井则是储层物性差异的最直观显示，电阻率测井可以间接反映储层的孔隙结构。因此，根据不同序列的常规测井资料，能够指示储层成岩相差异的地质信息，借以划分储层的成岩相类型。

各种不同成岩相储层的常规测井响应特征如下。

（1）绿泥石衬边弱溶蚀成岩相储层测井响应特征。

如图 3-2 所示，2690.75m 处的薄片鉴定结果指示该层段的成岩相类型为绿泥石胶结成岩相。典型的绿泥石衬边弱溶蚀成岩相储层的常规测井响应特征可归结为"三低一小"。图中 2689~2715m 井段的测井响应为自然伽马表现为低值，一般介于 60~100API，中子测井值介于 13%~20%。储层原生孔隙度发育，物性较好，体积密度较低，且中子孔隙度和密度孔隙度之间的差异小。

（2）不稳定组分溶蚀成岩相储层测井响应特征。

对于姬塬地区长 8 段储层而言，结合薄片鉴定结果以及相应的储层岩性和物性特征，可将典型的不稳定组分溶蚀成岩相储层的测井响应特征归结为"两低两中等"，即低自然伽马、低密度、中等中子孔隙度、中等中子—密度孔隙度差异。一般不稳定组分溶蚀成岩相储层的自然伽马值介于 65~100API，密度测井值小于 2.6g/cm³，中子孔隙度介于 10%~22%。随着储层溶蚀作用类型的不同，中子测井响应也有差异，对于以长石颗粒溶蚀为主的不稳定组分溶蚀成岩相储层，中子测井值低于 13.5%，中子—密度孔隙度差异小于 7.5%，而以粒内溶蚀作用为主的储层，中子测井值往往高于 13.5%，且中子—密度孔隙度差异大于绿泥石衬边弱溶蚀相储层，但小于压实致密成岩相储层。

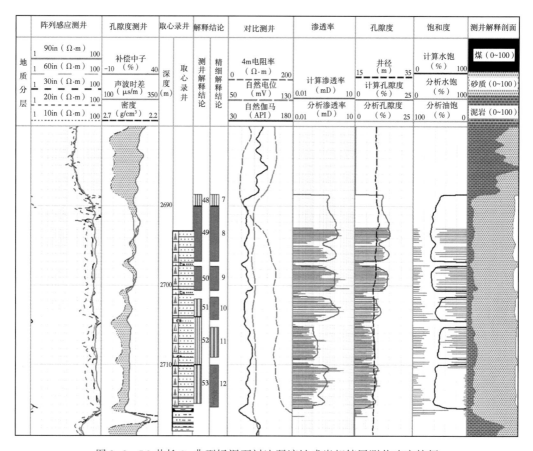

图 3-2　L3 井长 8_1 典型绿泥石衬边弱溶蚀成岩相储层测井响应特征

（3）压实致密成岩相储层测井响应特征。

如图 3-3 所示，该类储层在常规测井响应特征可归结为"三高一大"，即受泥岩、粉砂质泥岩、泥质粉砂岩等的影响，压实致密成岩相储层表现为中—高自然伽马值，一般介于 80~120API，较高的中子测井值（大于 18%），密度高（大于 2.6g/cm³），中子—密度孔隙度差异大。

（4）高岭石充填成岩相地层测井响应特征。

姬塬地区长 8 段典型的高岭石充填成岩相地层常规测井曲线响应特征可归结为"两高一低一大"。高岭石充填成岩相地层岩石颗粒较细，主要为细粒长石砂岩和岩屑长石砂岩，对应地层的自然伽马值较高，一般大于 100API，且中子测井孔隙度也较高；密度低于压实致密成岩相储层，且中子和密度孔隙度差异大。高岭石充填成岩相地层不能形成有效的储层，为破坏性成岩相。

（5）碳酸盐胶结成岩相储层测井响应特征。

如图 3-2 所示，2697.00~2697.63m、2700.63~2701.50m、2704.38~2705.30m、2709.13~

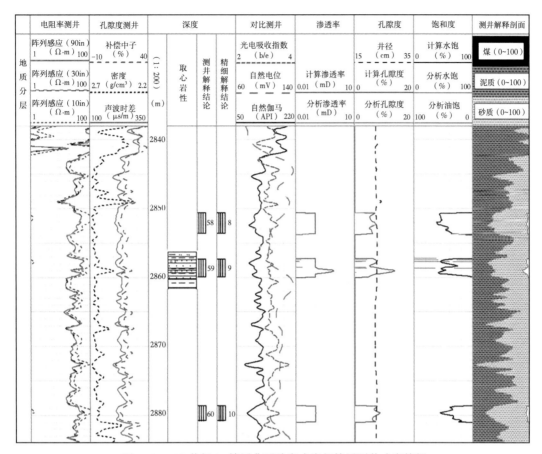

图 3-3　L32 井长 8_1 储层典型致密成岩相储层测井响应特征

2710.00m 为四段薄层。结合薄片鉴定结果和常规测井分析结果，可以将碳酸盐胶结成岩相地层的测井响应特征归结为"三低两高一大"，即在碳酸盐含量较高的层段，自然伽马值较压实致密成岩相储层低，介于 55~95API；由于储层孔隙度小，钙质胶结物对测井响应的贡献大，常规三孔隙度测井响应表现为低中子、低声波时差、高密度，且中子和密度孔隙度之间的差异大；对应储层的电阻率较高。姬塬地区长 8 段典型碳酸盐胶结成岩相地层的中子孔隙度一般小于 15%，声波时差小于 220μs/m，密度大于 2.6g/cm³；当储层为油层时，其电阻率略高一些。

高岭石充填成岩相地层与压实致密成岩相地层具有相似的测井响应特征，二者之间主要是体积密度有差异，一般高岭石充填成岩相地层的密度小于 2.6g/cm³，而压实致密成岩相地层的密度高于 2.6g/cm³。

三、不同成岩相储层常规测井识别方法

1. 不同成岩相储层测井敏感性参数分析

对各种不同成岩相地层的常规测井曲线特征进行研究的基础上，对不同成岩相地层的常规测井响应进行统计归纳，其结果见表 3-1。

表 3-1 不同成岩相地层常规测井响应特征统计表

成岩相类型	声波时差 （μs/m）	密度 （g/cm³）	中子孔隙度 （%）	自然伽马 （API）	自然电位 幅度差 （mV）	中子—密度 孔隙度差 （%）	电阻率 （Ω·m）
绿泥石衬边弱 溶蚀成岩相	220.0~250.0	2.35~2.60	13.0~20.0	60.0~100.0	20.0~50.0	小	受孔隙流体影响
不稳定组分溶蚀 成岩相	210.0~235.0	2.46~2.60	10.0~22.0	65.0~100.0	15.0~50.0	小到中等	受孔隙流体影响
压实致密成岩相	200.0~225.0	>2.60	>18.0	80.0~120.0	<15.0	大	15.0~50.0
高岭石充填成 岩相	200.0~225.0	<2.60	>18.0	100.0~120.0	<10.0	大	>15.0
碳酸盐胶结成岩相	<220.0	>2.50	<16.0	55.0~95.0	15.0~50.0		高，受孔隙 流体影响

不同成岩相储层测井响应特征分析表明，在常规测井系列中，对于姬塬地区长 8 段各种不同成岩相储层最敏感的测井响应包括密度、中子及其二者之间的孔隙度差异。自然伽马可以辅助判断地层是否为建设性成岩相或破坏性成岩相，声波时差对于压实致密成岩相、高岭石充填成岩相、绿泥石衬边弱溶蚀成岩相和不稳定组分成岩相储层不灵敏，但对于判断碳酸盐胶结成岩相夹层则具有较大作用。电阻率测量结果往往受孔隙流体性质的影响较大，当储层为油层时，电阻率往往较高，此时不同成岩相地层的电阻率差异难以直观反映，电阻率测井曲线对于碳酸盐胶结成岩相地层能起到很好的辅助识别作用。

2. 不同成岩相储层测井识别方法

中子—密度孔隙度差异是区分储层不同成岩相类型的一个重要参数。采用中子—密度孔隙度差异识别成岩相，利用该参数识别成岩相的优点在于能够消除采用单一测井信息识别成岩相时储层总孔隙度大小对测井响应的影响，其结果只反映储层岩石学和矿物学的特征。

为了能够定量地表征中子孔隙度和密度孔隙度差异并用以划分储层成岩相类型，引入一个新的参数——中子—密度视石灰岩孔隙度差：

$$\phi_{ND} = \phi_N - \phi_D \qquad (3-1)$$

$$\phi_N = \phi_{CNL} + 1.5\% \qquad (3-2)$$

$$\phi_D = \frac{\rho_b - \rho_{ma}}{\rho_f - \rho_{ma}} \qquad (3-3)$$

式中　ϕ_{ND}——中子—密度视石灰岩孔隙度差，%；

　　　ϕ_N——石灰岩刻度的中子孔隙度，%；

　　　ϕ_D——石灰岩刻度的密度孔隙度，%；

　　　ϕ_{CNL}——中子测井值，%；

ρ_b——密度测井值，g/cm^3；

ρ_{ma}——石灰岩骨架密度，g/cm^3，一般取值为 $2.71g/cm^3$；

ρ_f——孔隙流体密度，g/cm^3，一般取值为 $1.0g/cm^3$。

基于上述思想，选取姬塬地区 59 口井作为分析样本，结合岩石薄片鉴定结果，读取各种不同成岩相储层的中子、密度测井值，计算出相应的中子—密度视石灰岩孔隙度差。建立储层成岩相识别图版，优选中子—密度视石灰岩孔隙度差和中子交会图来确定储层成岩相识别标准，如图 3-4 和图 3-5 所示。

从图 3-4 中可以看到，利用该图版能够比较准确地识别出绿泥石衬边弱溶蚀成岩相和不稳定组分溶蚀成岩相。对于绿泥石衬边弱溶蚀成岩相储层，中子—密度视石灰岩孔隙度差小于 7.5%，且中子孔隙度测井值大于 13.5%；对于不稳定组分溶蚀成岩相储层，由于其溶蚀作用的不同，对应的测井曲线响应特征也存在差异。薄片鉴定结果表明，以粒内溶蚀作用为主的储层，中子—密度视石灰岩孔隙度差介于 7.5%~11.5%，且中子孔隙度较绿泥石衬边弱溶蚀成岩相储层高。对于以长石颗粒溶蚀作用为主的储层，由于岩石颗粒本身的骨架中子值较低，导致储层表现为低中子，一般中子测井值低于 13.5%，中子—密度视石灰岩孔隙度差也较小，一般小于 11.5%。当中子—密度视石灰岩孔隙度差大于 11.5% 时，储层为破坏性压实致密成岩相和高岭石充填成岩相。

对于压实致密成岩相储层和高岭石充填成岩相储层的识别，图 3-4 的图版效果不好，结合体积密度加以区分，如图 3-5 所示，对于压实致密成岩相储层而言，其体积密度大于 $2.6g/cm^3$，而高岭石充填成岩相储层的体积密度小于 $2.6g/cm^3$。利用图 3-4 和图 3-5 所示的成岩相识别图版，能够比较准确地识别出四种成岩相。

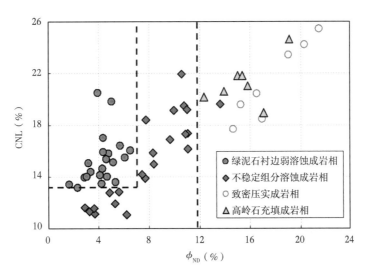

图 3-4　姬塬地区长 8 段不同成岩相储层中子—密度视石灰岩孔隙度差—中子交会图

碳酸盐胶结成岩相储层厚度较薄，主要以夹层的形式出现，其测井值的绝对大小容易受目标储层成岩相的影响，难以用绝对值对其加以识别，但其在测井曲线形态上具有明显的"三低两高一大"的特点。根据此特征，能够利用常规测井曲线识别出碳酸盐胶结成岩相地层。

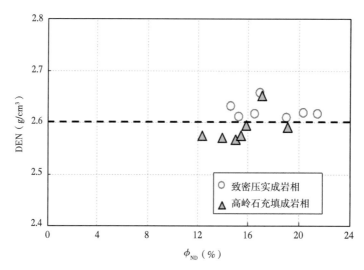

图 3-5 姬塬地区长 8 高岭石充填成岩相和压实致密成岩相识别图版

四、应用效果分析

利用图 3-4 和图 3-5 所示方法，对姬塬地区 76 口井长 8 储层进行成岩相识别，并将识别结果与薄片鉴定结果进行对比。如图 3-6 所示，在 2732～2747m 和 2775.5～2782.5m 井段，自然伽马介于 80～100API，中子测井值小于 13%，密度约为 2.55g/cm³，中子—密度视石灰岩孔隙度差小于 7%，电阻率较高。利用图 3-4 和图 3-5 所示图版综合判断该层段为不稳定组分溶蚀成岩相地层，2734.39m 处的岩石薄片鉴定结果显示该井段溶蚀孔隙发育，与基于常规测井资料的判断结果一致。在 2757～2774.5m 井段，自然伽马值较低，中子测井值约等于 15%，密度为 2.5～2.55g/cm³，中子—密度视石灰岩孔隙度差小于 7%，综合判断为绿泥石衬边弱溶蚀成岩相，从 2770.82m 处所示的岩石薄片上看，在岩石颗粒表面发育有黑色的不规则绿泥石膜，岩石定名为绿泥石膜胶结成岩相，与测井资料判断结果一致。同时，自然伽马、三孔隙度测井以及电阻率测井曲线的形态分析表明，该层段包含碳酸盐胶结成岩相，综合解释为含碳酸盐胶结成岩相夹层的绿泥石衬边弱溶蚀成岩相储层。

L25 井是姬塬地区的一口探井，该井的长 8_2 试油层段平均孔隙度为 5.7%，平均渗透率为 0.23mD，其孔隙度和渗透率均较低，孔隙度低于本地区长 8_2 段孔隙度下限标准，渗透率稍高出本地区渗透率下限。2420～2424m 井段进行了试油，在采取一定措施后，日产油 4.25t，日产水 7.7m³，为油水同层，如图 3-7 所示。

分析 L25 井长 8_2 段储层的常规测井曲线可以看到，储层的自然伽马介于 80～100API，自然电位有明显的负异常，中子孔隙度小于 15%，密度介于 2.55～2.6g/cm³，声波时差为 215～220μs/m，电阻率较高，且随着地层深度的增加电阻率明显增大。根据前面所述成岩相判别标准，该段储层综合解释为不稳定组分溶蚀成岩相，但在层中夹杂大量的钙质夹层。

综合分析该储层不难发现，该储层段属于典型的建设性储层成岩相地层，储层具有一定的孔隙流体聚集能力，只是由于钙质夹层的存在，使其阻塞孔隙喉道，导致地层孔隙度

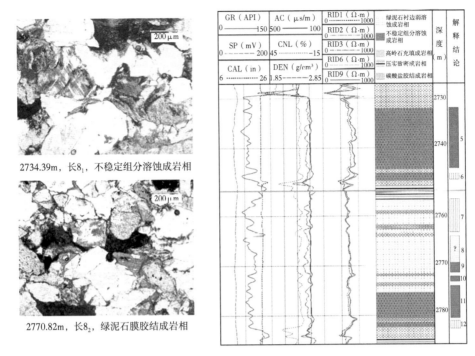

图 3-6　H36 井长 8 储层成岩相识别结果对比图

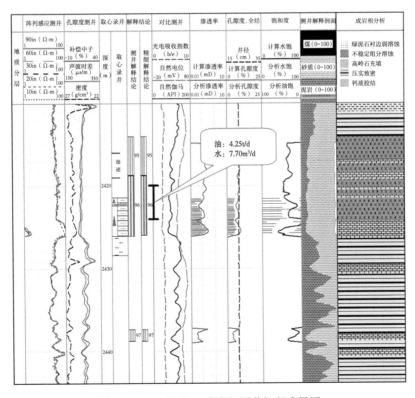

图 3-7　L25 井长 8_2 成岩相测井解释成果图

减小，渗透率降低，且钙质夹层高电阻率的影响使得该层段的电阻率升高，不能真实反映地层的电阻率特征。该类储层在采取一定的措施后会具有一定的开采潜力。

H39 井是姬塬地区的一口预探井，测井解释长 8_2 储层的平均孔隙度为 7.06%，平均渗透率为 0.096mD，孔隙度和渗透率均低于长 8_2 段的下限标准。但试油结果显示 2698~2702m 井段在压裂后日产油 10.45t，日产水 15.72m³，属于姬塬地区典型的下限层。如图 3-8 所示，长 8_2 段自然伽马值介于 80~100API，自然电位存在负异常，声波时差小于 220μs/m，中子测井值较低，介于 9%~12%，除了个别小层外，密度低于 2.6g/cm³，电阻率较高，且随着地层深度的增加，电阻率升高，且在储层底部达到最大值。综合分析认为，储层整体属于不稳定组分溶蚀成岩相类型，中间夹杂钙质夹层，由于钙质夹层的胶结作用，导致储层孔隙度较小，渗透率较低，电阻率增大。

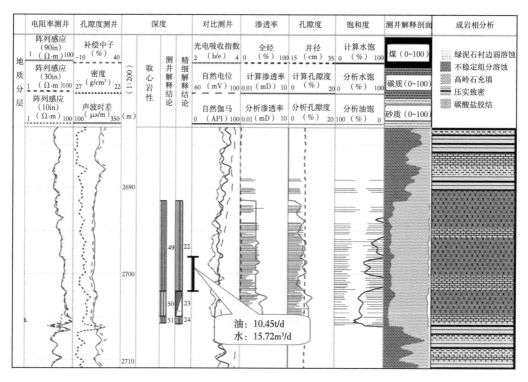

图 3-8 H39 井长 8_2 成岩相测井解释成果图

红井子—堡子湾砂带 F2—L8 井、麻黄山—刘峁塬砂带 H43—B26 井表明，姬塬地区长 8 段绿泥石衬边弱溶蚀成岩相、不稳定组分溶蚀成岩相发育，连片性好，如图 3-9 和图 3-10 所示。

利用测井资料可以开展纵向及横向成岩相判识，如图 3-11 所示，姬塬地区长 8_1 主要发育绿泥石衬边弱溶蚀成岩相、不稳定组分溶蚀成岩相，其次发育高岭石充填成岩相、碳酸盐胶结成岩相。L1-H39 井区主要发育绿泥石衬边弱溶蚀成岩相，L3 井区、G73 井区、L228 井区、CH37-CH51 井区主要发育不稳定组分溶蚀成岩相，从油藏开发效果看，绿泥石衬边弱溶蚀成岩相、不稳定组分溶蚀成岩相发育的区块油井投产产能较高，是油田开发的主要产建区。

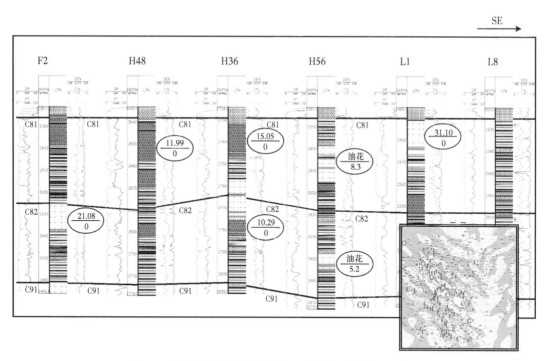

图 3-9　红井子—堡子湾砂带长 8 成岩相连井剖面示意图

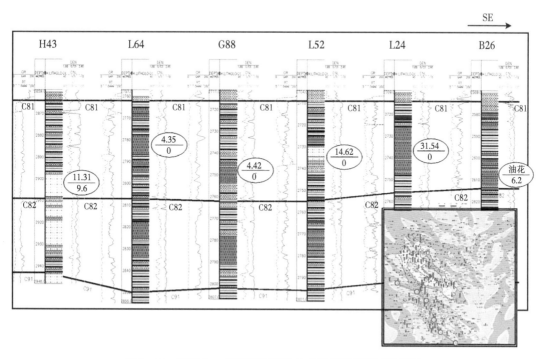

图 3-10　麻黄山—刘峁塬砂带长 8 成岩相连井剖面示意图

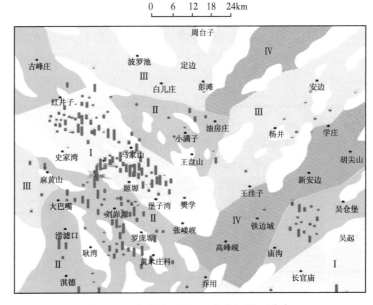

图 3-11　姬塬地区长 8_1 成岩相平面分布

第二节　成岩相约束下的孔隙结构测井评价

储层孔隙结构指岩石所具有的孔隙和喉道的几何形状、大小、分布及其相互连通关系。由于沉积、成岩作用的复杂性，高充注低渗透致密储层的孔隙结构与常规储层显著不同，主要表现在：孔隙类型多样，结构复杂；次生孔占重要地位，非均质性强；微孔、微裂隙比较发育；发育片状或微细喉道，应力敏感性强；喉道分选性与渗透率呈负相关。复杂的孔隙结构直接决定储层的有效储集空间和油气的有效渗流能力，对储层测井响应特征也有显著影响。孔隙结构直接影响低孔、低渗透致密储层的流体性质的判识。因此，测井孔隙结构评价准确表征连续深度范围内的储层孔隙结构信息，搞清楚孔隙结构的差异与宏观物性的关系，孔隙结构对电性、含油性的影响，对提高低渗透致密油气层测井解释精度，具有十分重要的意义。

一、储层孔隙结构对测井评价的影响

低渗透致密储层的孔隙结构评价是储层评价的核心内容之一，其孔隙结构不仅影响储层的储集能力和渗透能力，而且对储层的电性、含油性也具有较大的影响，进而影响测井解释评价效果。因此，准确评价低渗透致密储层孔隙结构，搞清孔隙结构对电性、含油性的影响尤为重要。

1. 储层孔隙结构对产能的影响

低渗透致密砂岩储层成岩后生作用强烈，孔隙结构对其含油气性和产能有重要影响。T_2 谱能表征储层的孔隙结构，利用 T_2 谱的形态和位置及核磁共振处理后获得的可动流体饱和度，可以分析孔隙结构对产能的影响。

储层可动流体饱和度（S_{mv}）能够表征孔隙中流体的可动用程度。如图 3-12 所示，X 轴为利用核磁共振测井求取的可动流体饱和度，储层的可动流体饱和度与单位厚度日产液量在双线性坐标系下呈正相关，可动流体饱和度反映了一定孔隙空间条件下储层的产液能力。

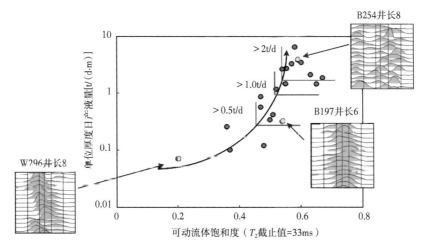

图 3-12　单位厚度日产液量与核磁共振可动流体饱和度关系图版

Ⅰ类储层大孔隙组分占优势，T_2 分布谱多呈双峰。可动峰（T_2 截止值后的谱峰）明显高于不可动峰（T_2 截止值前的谱峰），可动峰与不可动峰分离比较明显，而且可动峰位置比较靠后，可动流体占的百分比相对较大。该类储层压裂试油产量一般大于 15t/d，单位厚度产液量大于 2t/（d·m）。Ⅱ类储层中孔隙组分占的比例较高，大孔隙组分次之，T_2 分布谱多呈双峰。可动峰幅度略高于不可动峰幅度，可动峰位置相对靠后。该类储层压裂试油产量一般大于 10~15t/d，单位厚度产液量 1~2t/（d·m）。Ⅲ类储层小孔隙组分占优势，中孔隙组分占一定比例，可动峰幅度与不可动峰幅度值基本一致，该类储层压裂试油产量一般大于 4~10t/d，单位厚度产液量 0.5~1.0t/（d·m）。Ⅳ类储层小孔隙组分占比较高，中孔隙组分次之，大孔隙组分最小，可动峰峰值略小于不可动峰峰值，可动峰峰值相对靠前。该类储层如果大孔隙组分达到一定的优势，压裂试油产量一般大于 0~4t/d，单位厚度产液量小于 0.5t/（d·m）。

2. 储层孔隙结构对电性的影响

储层孔隙结构不但影响储层的产液性质和产能，而且对低孔低渗透致密储层的电性也有直接影响，从而影响测井对储层流体性质的判识。

1）孔隙结构对电阻率的影响

孔隙结构直接影响储层的电阻率，主要表现在孔隙结构对导电网络的控制。在同一油水系统，相同含水饱和度条件下，孔隙连通性越好，孔隙结构越好，储层的电阻率越低，储层含水率增加也使电阻率降低，电阻率反映含油性存在不确定性，这类层容易漏判；相反，孔隙结构越差，电阻率越高，可能误认为含油性增加导致测井解释偏高，导致无效试油，这类地层主要为物性界限层。所以，测井解释中需要充分考虑孔隙结构对电性的影响，提高测井评价的准确性。如图 3-13 所示，X83 井长 8_1 1966~1972.3m（上段）测井自然伽马值为 83API，声波时差为 234.390μs/m，密度为 2.43g/cm³，电阻率为 15.3Ω·m；在 1973.4~1980.5m

（上段）自然伽马值为 89API，声波时差为 213.589μs/m，密度为 2.49g/cm³，电阻率为 30.7Ω·m。这两井段相比可知，上段的电阻率低于后者，主要原因为自然伽马值较高，流动单元指数值（第 8 道）高于后者的流动单元指数，说明孔隙结构较好。如图 3-14 所示，X83 井高阻段和低阻段孔隙度与渗透率的斜率存在差异，斜率越大，孔隙结构越差，说明低阻段的孔隙结构比高阻段好，孔隙结构好使得储层电阻率降低。

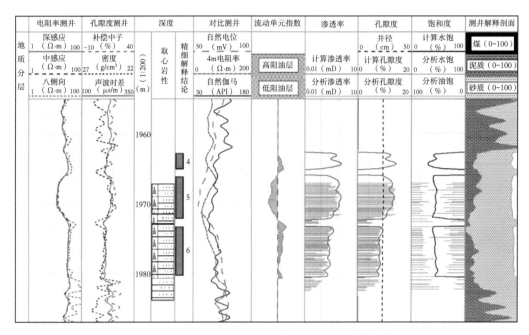

图 3-13　X83 井长 8₁ 不同孔隙结构储层测井曲线特征

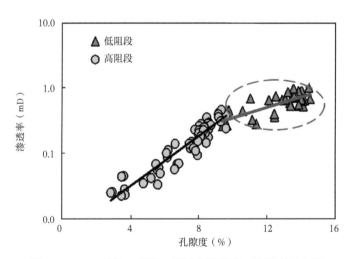

图 3-14　X83 井长 8 高阻、低阻段孔隙度—渗透率交会图

　　以上论述表明，测井解释需要充分评价孔隙结构对电性的影响，消除因为孔隙结构差引起电阻率增大，误认为含油性增加的现象，提高测井评价的准确性。

2）孔隙结构对电性参数的影响

均质纯岩石的饱和度计算常用经典的 Archie 公式，a、m 反映了储层的孔隙结构。低孔渗—致密储层同一储集体其孔隙结构的变化较大，储层孔隙结构的非均质较强，这种孔隙结构的变化导致同一砂体单元岩电参数 a、m 纵向变化较大，导致储层含油性计算不准确，可能导致具有工业产能储层被遗漏。在生产中需要对孔隙结构与岩电参数进行深入分析，获得准确的 a、m，提高测井解释中含油饱和度的计算精度，使测井解释中的含油饱和度计算更加准确。在泥质含量高、孔隙结构复杂的低孔低渗透储层中，地层因素 F 与 ϕ 不服从原有的纯砂岩模型的线性关系，在双对数坐标系下呈非线性关系，为"非 Archie"现象（图 3-15）。通过对鄂尔多斯盆地西峰、姬塬、白豹等多个地区中生界岩电资料的统计，m 与 ϕ 的关系具有分段性，在延长组低孔低渗段呈指数正相关；在侏罗系高渗透地层中，随孔隙度增大，m 基本保持不变。图 3-16 为某区 B 段储层 ϕ—m（$a=1$ 时）关系图，可以看出低孔低渗透储层具有相对较低的 m，二者呈自然对数关系，相关系数为 0.91。基于低渗透含油储层 F—ϕ 的指数正相关，研究区目的层饱和度计算可采用变 m 计算，也可以采用分类岩电参数计算。发育微孔隙（一般 $\phi<10\%$）的储层，采用 $a=13.06$，$m=0.78$；发育渗流孔隙（一般 $10\%\geqslant\phi<13.3\%$）的储层，采用 $a=5.95$，$m=1.09$。

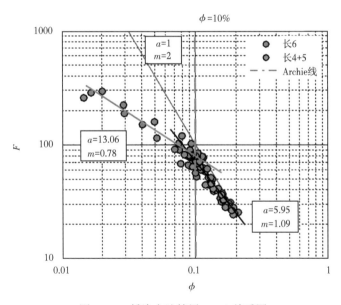

图 3-15　低渗含油储层 F—ϕ 关系图

二、储层孔隙结构的测井新技术表征

利用核磁共振来表征孔隙结构是目前常用的方法，核磁共振 T_2 分布可以表示孔径分布。在实验室中，通常采用压汞法来提取孔喉参数来表征孔隙结构，研究表明 T_2 分布与压汞得到的孔径分布曲线类似。因此，基于核磁共振和压汞的配套实验，通过建立 T_2 分布曲线与压汞曲线的转换关系表征储层孔隙结构。

考虑到岩心压汞毛细管压力曲线无法连续定量评价储层孔隙结构，本章从 J 函数和

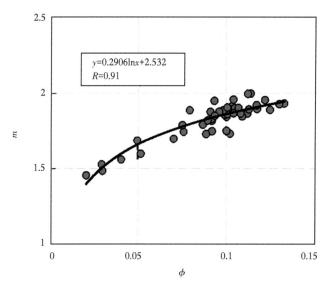

图 3-16　某油田地区长 8 储层 ϕ—m 关系图

SDR 模型研究出发，推导出一种利用核磁共振测井资料构造毛细管压力曲线的理论模型，并研究模型的适用性和局限性。采用 J 函数分类的方法，构造低渗透砂岩储层连续毛细管压力曲线。采用统计回归的方法，建立了残余油状态下和 100% 饱含水状态下的 T_2 几何平均值以及实测气层与对应深度岩心 100% 饱含水状态下的 T_2 几何平均值之间的转换关系，实现对 T_2 几何平均值进行含烃校正的目的。结合成岩相分类，利用核磁共振毛细管压力曲线构造模型评价鄂尔多斯盆地西北部姬塬地区三叠系长 8 段储层的孔隙结构。

1. 核磁共振毛细管压力曲线构造方法

1）毛细管压力曲线形态特征分析

如图 3-17 所示，对于不同孔隙结构的岩心样品，毛细管压力曲线的形态可以通过相同进汞压力下的进汞饱和度来反映。对于孔隙结构较好的岩石，毛细管压力曲线的位置相对靠下，启动压力较低（图 3-17 中第一类毛细管压力曲线），在相同进汞压力下，被挤入有效孔隙空间的非润湿相汞较多，相应的进汞饱和度也较高。对于孔隙结构较差的岩石，毛细管压力曲线位于图中右上方，启动压力较高（图 3-17 中第四类毛细管压力曲线），在相同进汞压力下，挤入岩石有效孔隙空间的汞较少，相应的进汞饱和度也较低。因此，只需要估算出不同进汞压力下的进汞饱和度，结合估算的进汞饱和度和压汞实验时给定的进汞压力，就可以构造出相应的毛细管压力曲线。

基于上述对毛细管压力曲线形态的研究，以岩心压汞和核磁共振实验数据为样本，利用 J 函数和 SDR 模型进行研究构建核磁共振测井资料估算进汞饱和度和毛细管压力曲线的理论模型。

2）J 函数和 SDR 模型

J 函数是 Leverett 于 1941 年提出，用于表征毛细管压力曲线的函数，该函数的数学表达式为：

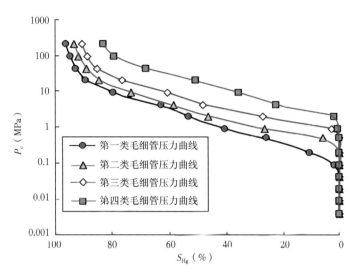

图 3-17　四种不同类型样品压汞毛细管压力曲线

$$J(S_{\text{w}}) = \frac{p_{\text{c}}(S_{\text{w}})}{\sigma\cos\theta}\sqrt{\frac{K}{\phi}} \qquad (3-4)$$

式中　S_{w}——润湿相饱和度，%；

$p_{\text{c}}(S_{\text{w}})$——对应于润湿相饱和度下的毛细管压力，$\text{dyn/cm}^2$；

σ——两相流体的表面张力，dyn/cm；

θ——润湿接触角，（°）。

采用不同的毛细管压力测量方法，对于采用隔板法获取的毛细管压力曲线，S_{w} 代表含水饱和度，而对于采用压汞法获取的毛细管压力曲线，S_{w} 代表润湿相空气饱和度。对于采用不同实验方法获取的毛细管压力曲线，表面张力和润湿接触角取值不同。

通过作 $J(S_{\text{w}})$ 和 S_{w} 交会图，可得到一条反映 J 函数的曲线。根据 J 函数的定义，如果所有的岩心样品具有相似的孔隙结构，则可以用同一个 J 函数来描述，换句话说，具有相似孔隙结构的岩心样品具有相同的 J 函数。

渗透率是 J 函数的关键参数，SDR 模型是目前的常用的渗透率计算模型，该模型为斯伦贝谢公司 Doll 研究中心的 Kenyon 等提出的一种利用核磁共振测井计算储层渗透率的模型，数学表达式为：

$$K = C\phi^m T_{2\text{lm}}^n \qquad (3-5)$$

式中　$T_{2\text{lm}}$——核磁共振测井 T_2 几何平均值，ms；

C、m 和 n——SDR 模型参数，该参数的取值通过岩心数据统计回归得到。

3）结合 J 函数和 SDR 模型的核磁共振毛细管压力曲线构造模型

如果将式（3-5）两边同除以岩石孔隙度 ϕ，并开平方后，得：

$$\sqrt{\frac{K}{\phi}} = \sqrt{C}\,\phi^{\frac{m-1}{2}} T_{2\text{lm}}^{\frac{n}{2}} \qquad (3-6)$$

将式（3-6）代入式（3-4），得：

$$J(S_{\mathrm{w}}) = \frac{p_{\mathrm{c}}(S_{\mathrm{w}}) \sqrt{C}}{\sigma \cos\theta} \phi^{\frac{m-1}{2}} T_{2\mathrm{lm}}^{\frac{n}{2}} \tag{3-7}$$

Wang 等通过大量岩石实验数据的研究表明，在给定的毛细管压力下，S_{w} 与 $J(S_{\mathrm{w}})$ 函数之间存在如下所示的幂函数关系：

$$S_{\mathrm{w}}(i) = a(i) \times [J(S_{\mathrm{w}})(i)]^{b(i)}, \quad i = 1, \cdots, N \tag{3-8}$$

式中 $S_{\mathrm{w}}(i)$ ——第 i 个毛细管压力 $p_{\mathrm{c}}(i)$ 下的润湿相饱和度，%；

N——压汞实验时设定的进汞压力点的个数；

$a(i)$ 和 $b(i)$ ——模型参数，其数值通过岩心实验结果统计回归得到。

将式（3-8）代入式（3-7），得：

$$\begin{aligned} S_{\mathrm{w}}(i) &= a(i) \left[\frac{p_{\mathrm{c}}(i) \sqrt{C}}{\sigma \cos\theta} \phi^{\frac{n-1}{2}} T_{2\mathrm{lm}}^{\frac{n}{2}} \right]^{b(i)} \\ &= C'(i) \phi^{m'(i)} T_{2\mathrm{lm}}^{n'(i)} \end{aligned} \tag{3-9}$$

其中：

$$C'(i) = a(i) \left[\frac{p_{\mathrm{c}}(i) \sqrt{C}}{\sigma \cos\theta} \right]^{b(i)}$$

$$m'(i) = b(i) \frac{m-1}{2}$$

$$n'(i) = b(i) \frac{n}{2}$$

在压汞毛细管压力实验测量的过程中，一般认为汞为非润湿相流体，而空气是润湿相流体，进汞饱和度与空气饱和度之和等于 100%，因此：

$$S_{\mathrm{Hg}}(i) = 100\% - S_{\mathrm{w}}(i) \tag{3-10}$$

式中 $S_{\mathrm{Hg}}(i)$ ——第 i 个进汞压力下的进汞饱和度，%。

结合式（3-9）和式（3-10），得：

$$S_{\mathrm{Hg}}(i) = 100 - C'(i) \phi^{m'(i)} T_{2\mathrm{lm}}^{n'(i)} \tag{3-11}$$

式中 $C'(i)$、$m'(i)$ 和 $n'(i)$ ——模型参数，其数据通过岩心压汞和核磁共振测井联测实验数据统计回归得到。

式（3-11）表明，对于具有相同 J 函数的岩心样品，在利用岩心压汞和核磁共振测井资料确定出相应的参数 C'、m' 和 n' 后，可以利用该模型从核磁共振测井资料中估算出每一个进汞压力下的进汞饱和度 $S_{\mathrm{Hg}}(i)$，以构造出毛细管压力曲线。

2. 岩心核磁共振毛细管压力曲线构造方法流程

1）岩心毛细管压力曲线构造方法流程

利用核磁共振测井资料构造毛细管压力曲线的基本流程如下：

（1）收集岩心实验数据，毛细管压力和核磁共振联测的数据。毛细管压力数据可以通过压汞法获取，也可以通过隔板法、离心法等其他方法获取。

（2）根据同一批岩心样品毛细管压力实验时所设定的不同进汞压力，分别统计不同进汞压力 $p_c(i)$ 下的进汞饱和度和相应岩心样品的核磁共振孔隙度和 T_2 几何平均值，以构成毛细管压力曲线构造方法数据库；基于岩心毛细管压力实验数据，可以统计出对应的样本库，统计的样本库的个数由毛细管压力实验时设定的进汞压力的数量来确定，如果岩心压汞实验数据为不同的实验室或不同的仪器测量得到，导致所采用的进汞压力不同，可以通过三次样条插值法在不改变毛细管压力曲线形态的情况下，将所有样品均重新采样成具有相同进汞压力的实验数据。

（3）采用多元统计回归的方法，确定式（3-11）所示的毛细管压力曲线构造模型中的待定系数 C'、m' 和 n'，以得到不同进汞压力下的进汞饱和度估算公式。

（4）将核磁共振测量孔隙度和 T_2 几何平均值分别代入步骤 3 所确定的公式，即可估算出不同进汞压力下的进汞饱和度，结合设定的毛细管压力，可利用 T_2 谱分布构造出毛细管压力曲线。

根据上述方法和流程，以压汞毛细管压力实验数据为基础，具体讲述利用 T_2 谱分布构造毛细管压力曲线的方法和流程。如图 3-18 所示，实验样品可以用相同的 J 函数来表述。因此，上述的毛细管压力曲线构造方法可行。

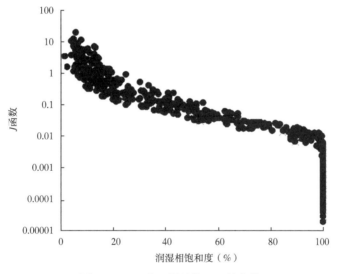

图 3-18　54 岩心样品的 J 函数曲线

为了利用核磁共振测井资料标定式（3-11）中的模型参数，将 54 块岩心样品同时开展了配套的岩心核磁共振测量实验。为了直观显示具有相同 J 函数的岩心样品不同进汞压力下的进汞饱和度、核磁共振孔隙度以及 T_2 几何平均值之间的相关关系，以核磁共振孔隙度的对数为 X 轴、T_2 几何平均值的对数为 Y 轴、不同进汞压力下的进汞饱和度为 Z 轴，分别作不同进汞压力下的进汞饱和度、核磁共振孔隙度及 T_2 几何平均值三维散点图（图 3-19）。通过岩心毛细管压力曲线的形态研究表明，对于绝大多数岩心样品，当进汞压力小于 0.10MPa 时，非润湿相汞无法克服岩石孔喉毛细管压力而被挤入岩石的有效孔隙空间。

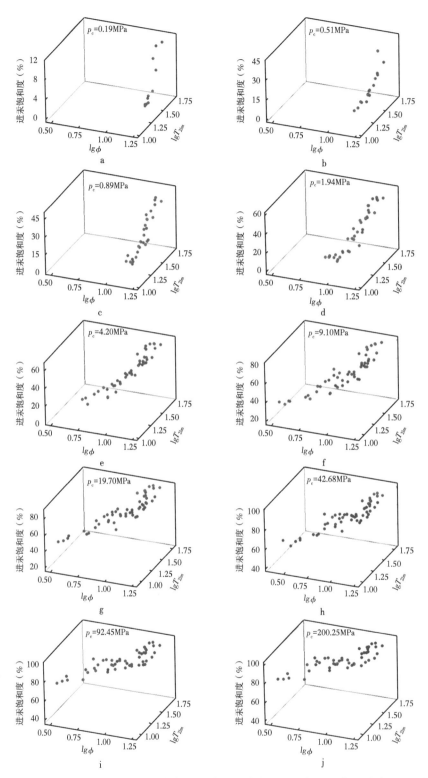

图 3-19 不同进汞压力下的进汞饱和度与核磁共振孔隙度、T_2 几何平均值相关关系三维散点图

对于绝大部分岩心样品，当进汞压力小于 0.10MPa 时，不同进汞压力下的进汞饱和度均为零，因此，图 3-19 只显示了当进汞压力大于 0.10MPa 的情况下，不同进汞压力下的进汞饱和度、核磁共振孔隙度及 T_2 几何平均值之间的三维散点图，且利用岩心实验数据只统计回归了进汞压力大于 0.10MPa 下的模型参数。

图 3-19 表明，对于具有相同 J 函数的样品，不同进汞压力下的进汞饱和度与相应样品的核磁共振孔隙度、T_{2lm} 之间具有很好的相关性。基于此相关性，可以利用核磁共振测井资料估算出不同进汞压力下的进汞饱和度，以构造出核磁共振毛细管压力曲线。

表 3-2　利用岩心核磁共振测井资料构造毛细管压力曲线的模型

进汞压力（MPa）	利用核磁共振测井资料估算进汞饱和度的模型	相关系数
0.19	$\lg S_{Hg} = 23.032\lg\phi + 3.330\lg T_{2lm} - 31.910$	0.90
0.51	$\lg S_{Hg} = 9.275\lg\phi + 0.826\lg T_{2lm} - 10.932$	0.77
0.89	$\lg S_{Hg} = 2.911\lg\phi + 1.470\lg T_{2lm} - 3.324$	0.86
1.94	$\lg S_{Hg} = 2.521\lg\phi + 0.303\lg T_{2lm} - 1.794$	0.83
4.20	$\lg S_{Hg} = 0.946\lg\phi + 0.176\lg T_{2lm} + 0.401$	0.80
9.10	$\lg S_{Hg} = 0.0317\lg\phi + 0.208\lg T_{2lm} + 1.149$	0.85
19.70	$\lg S_{Hg} = 0.260\lg\phi + 0.120\lg T_{2lm} + 1.434$	0.83
42.68	$\lg S_{Hg} = 0.175\lg\phi + 0.058\lg T_{2lm} + 1.662$	0.83
92.45	$\lg S_{Hg} = 0.054\lg\phi + 0.069\lg T_{2lm} + 1.794$	0.82
200.25	$\lg S_{Hg} = 0.071\lg\phi + 0.022\lg T_{2lm} + 1.861$	0.72

根据 54 块样品的岩心实验结果，采用多元统计回归的方法，得到当进汞压力大于 0.10MPa 时，不同进汞压力下的进汞饱和度估算公式，见表 3-2，不同进汞压力下的进汞饱和度与对应岩心样品的核磁共振孔隙度、T_{2lm} 之间具有很好的相关关系，绝大部分进汞压力下，三者之间相关系数大于 0.8。结合图 3-19 和表 3-2 分析，利用式（3-11）所示的模型，能够利用 T_2 谱分布可靠的构造出毛细管压力曲线。

2）岩心毛细管压力曲线构造模型的可靠性验证

为了验证式（3-11）所示的核磁共振毛细管压力曲线构造模型的可靠性。基于表 3-2 所示的不同进汞压力下的进汞饱和度估算公式，利用 54 块岩心样品的核磁共振测量孔隙度和 T_{2lm}，估算出不同进汞压力下的进汞饱和度，并与岩心实验结果作交会图，其结果如图 3-20 所示。

如图 3-20 所示，除了进汞压力接近于 1.00MPa（图 3-20 中进汞压力分别等于 0.89MPa 和 1.94 MPa）时计算的进汞饱和度略低于实验测量结果外，其他进汞压力下计算的进汞饱和度与实验测量结果交会图均位于 45°对角线附近，表明利用文中提出的模型计算的进汞饱和度是可靠的。

图 3-21 为四块不同类型岩心样品根据式（3-11）所示模型，利用核磁共振测井资料构造的毛细管压力曲线与岩心实验压汞毛细管压力曲线的对比图。从图 3-21 可以看到，利用式（3-11）所示的方法构造的毛细管压力曲线与岩心压汞实验获取的毛细管压力曲线基本吻合，表明利用式（3-11）所示的模型构造的毛细管压力曲线是可靠的。也再次证明了本章提出的毛细管压力曲线构造模型的可靠性和准确性。

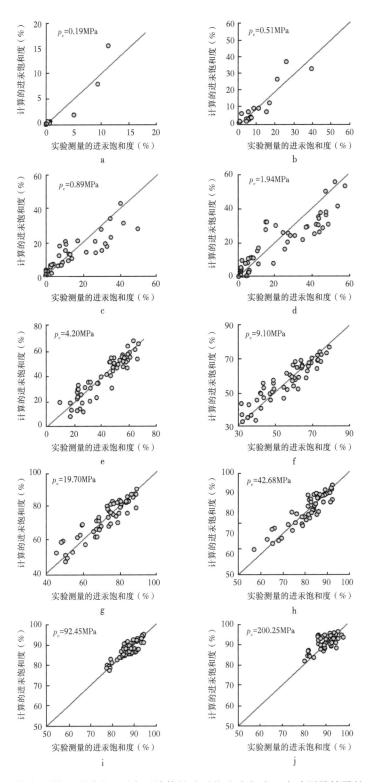

图 3-20 54 块岩心样品不同进汞压力下计算的进汞饱和度与岩心实验测量结果的对比交会图

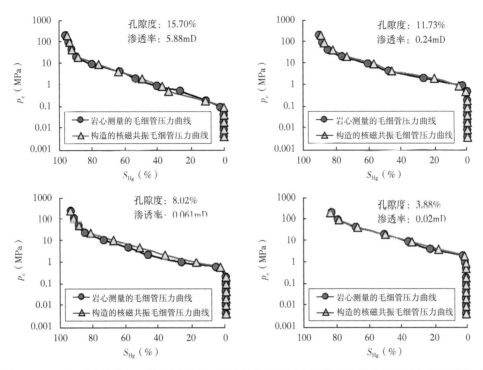

图 3-21 四块不同类型岩心样品压汞毛细管压力曲线与构造的核磁共振毛细管压力曲线对比图

3. T_{2lm} 含烃校正方法

采用煤油和变压器油模拟地层的轻质原油，用实验室残余油状态模拟实际地层的核磁共振测量环境。通过对 11 块不同孔隙结构的岩心样品在离心束缚水状态、100％饱和水状态、残余油状态和饱含油状态下的核磁共振测井实验研究表明，对于不同孔隙结构的岩石，由于非润湿相油的体积弛豫作用，会导致相应岩心 T_2 谱的形态产生变化。对于孔隙结构较好的岩石，非润湿相油的体积弛豫作用对 T_2 谱的影响较小。残余油状态下的岩心 T_2 谱与 100.0％饱含水时的 T_2 谱的位置基本重叠，但残余油状态下的 T_2 谱的幅度会明显增大。对于孔隙结构极差的岩石，由于非润湿相油无法克服岩石毛细管压力进入有效孔隙空间，残余油状态下的 T_2 谱与 100.0％饱含水状态下的 T_2 谱基本重合。而对于孔隙结构中等的岩石，孔隙非润湿相油的存在会导致 T_2 谱的形态发生明显的变化，T_2 谱明显增长，且 T_2 谱的幅度明显增大。而对于不同孔隙结构的岩石，当孔隙含非润湿相油后，均会使 T_{2lm} 增大。

岩石孔隙含气对于 T_2 谱的影响，由于受实验条件的限制，目前尚没有任何实验方法能够对其进行模拟。通过对比含气砂岩储层实际测量的 T_2 谱以及对应深度上的岩心 T_2 谱的形态可以看到（图 3-22），当岩石孔隙空间含气时，由于天然气的扩散弛豫作用，会导致 T_2 谱的位置向左移动，导致对应的 T_{2lm} 减小。因此，为了利用式（3-11）所示模型准确的构造出核磁共振毛细管压力曲线，必须准确地获取 100％饱含水状态下的 T_{2lm}。

目前尚没有可靠的方法能够用以校正 T_2 谱的形态以获取可靠的 T_{2lm}。通过对 11 块岩心样品的不同状态下实验结果的研究表明，残余油状态下和 100.0％饱含水状态下的 T_{2lm} 之间存在很好的相关性（图 3-23），这种相关性存在的原因可能是由于核磁共振测井的体

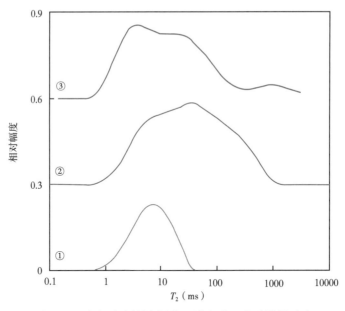

图 3-22　含气砂岩储层实测 T_2 谱与岩心实验结果对比

积弛豫、表面弛豫和扩散弛豫机理的内在联系所致。利用图 3-23 所示的相关关系，可以将含油岩石的 T_{2lm} 校正到 100.0% 饱含水状态下的 T_{2lm}。

　　如图 3-24 所示，二者之间也同样存在着很好的相关性，这证明两种不同状态下 T_{2lm} 之间的相关关系是普遍存在的。只要建立起含烃状态下和 100.0% 饱含水状态下的 T_{2lm} 之间的相关关系，就可以利用其将含烃状态下的 T_{2lm} 校正到 100.0% 饱含水状态，以利用其准确的构造核磁共振毛细管压力曲线。

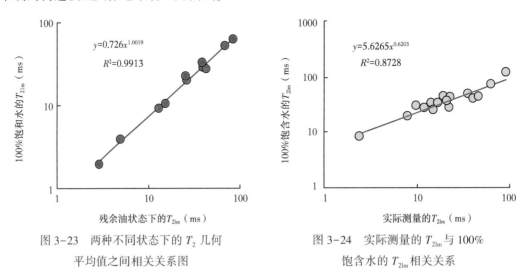

图 3-23　两种不同状态下的 T_2 几何　　　　图 3-24　实际测量的 T_{2lm} 与 100%
平均值之间相关关系图　　　　　　　　饱含水的 T_{2lm} 相关关系

4. 基于成岩相差异的核磁共振毛细管压力曲线构造方法

　　基于成岩相的差异对储层进行分类，以确定核磁共振毛细管压力曲线构造模型参数的应用前提是在研究目的层必须获取一定数量的岩心薄片分析资料和毛细管压力实验资料，以确定储层的成岩相及 J 函数类型。这给实际储层评价中进行大规模的应用带来困难。为了扩大核磁共振毛细管压力曲线构造方法的应用范围，最有效的方法就是在没有足够的岩心薄片、毛细管压力资料的情况下，能够准确地判断目标储层的 J 函数类型，基于成岩相差异能优选目标储层 J 函数。

本章第一节的研究已经证明，在低渗透砂岩储层，不同成岩相地层往往具有不同的孔隙结构。因此，具有不同成岩相的储层岩石的毛细管压力曲线形态也不相同。为了利用表 3-3 至表 3-5 所示的模型构造核磁共振毛细管压力曲线，研究中提出一种根据成岩相差异对毛细管压力曲线进行分类，并研究不同成岩相地层的 J 函数差异，进而建立了基于成岩相差异的核磁共振毛细管压力曲线构造模型。

表 3-3 具有第一类 J 函数岩石的核磁共振毛细管压力曲线构造模型

进汞压力（MPa）	利用核磁共振测井资料估算进汞饱和度的模型	相关系数
0.08	$\lg S_{Hg} = 2.499 \lg \phi + 0.458 \lg T_{2lm} - 2.572$	0.77
0.16	$\lg S_{Hg} = 2.207 \lg \phi + 0.268 \lg T_{2lm} - 1.697$	0.78
0.32	$\lg S_{Hg} = 2.01 \lg \phi + 0.027 \lg T_{2lm} - 0.999$	0.80
0.64	$\lg S_{Hg} = 0.833 \lg \phi + 0.627 \lg T_{2lm} - 0.359$	0.83
1.28	$\lg S_{Hg} = 0.496 \lg \phi + 0.546 \lg T_{2lm} + 0.292$	0.86
2.56	$\lg S_{Hg} = 0.286 \lg \phi + 0.250 \lg T_{2lm} + 1.087$	0.85
5.12	$\lg S_{Hg} = 0.139 \lg \phi + 0.165 \lg T_{2lm} + 1.439$	0.85
10.24	$\lg S_{Hg} = 0.089 \lg \phi + 0.117 \lg T_{2lm} + 1.617$	0.84
20.48	$\lg S_{Hg} = 0.028 \lg \phi + 0.105 \lg T_{2lm} + 1.750$	0.89

表 3-4 具有第二类 J 函数岩石的核磁共振毛细管压力曲线构造模型

进汞压力（MPa）	利用核磁共振测井资料估算进汞饱和度的模型	相关系数
0.16	$\lg S_{Hg} = 0.654 \lg \phi + 1.121 \lg T_{2lm} - 1.353$	0.90
0.32	$\lg S_{Hg} = 1.960 \lg \phi + 0.352 \lg T_{2lm} - 1.402$	0.75
0.64	$\lg S_{Hg} = 1.635 \lg \phi + 0.907 \lg T_{2lm} - 1.809$	0.77
1.28	$\lg S_{Hg} = 0.943 \lg \phi + 0.417 \lg T_{2lm} - 0.086$	0.81
2.56	$\lg S_{Hg} = 0.467 \lg \phi + 0.426 \lg T_{2lm} + 0.530$	0.83
5.12	$\lg S_{Hg} = 0.347 \lg \phi + 0.153 \lg T_{2lm} + 1.158$	0.82
10.24	$\lg S_{Hg} = 0.359 \lg \phi + 0.056 \lg T_{2lm} + 1.345$	0.88
20.48	$\lg S_{Hg} = 0.282 \lg \phi + 0.036 \lg T_{2lm} + 1.512$	0.84

表 3-5 具有第三类 J 函数岩石的核磁共振毛细管压力曲线构造模型

进汞压力（MPa）	利用核磁共振测井资料估算进汞饱和度的模型	相关系数
2.56	$\lg S_{Hg} = 1.270 \lg \phi + 0.552 \lg T_{2lm} - 0.515$	0.93
5.12	$\lg S_{Hg} = 2.196 \lg \phi - 0.512 \lg T_{2lm} - 0.008$	0.84
10.24	$\lg S_{Hg} = 0.709 \lg \phi + 0.127 \lg T_{2lm} + 0.857$	0.84
20.48	$\lg S_{Hg} = 0.329 \lg \phi + 0.085 \lg T_{2lm} + 1.404$	0.81

　　为了了解不同成岩相地层的毛细管压力曲线和 J 函数差异，选取了鄂尔多斯盆地西北部姬塬地区三叠系长 8 储层 43 块岩心样品，开展岩心毛细管压力实验研究，获取了相应样品的毛细管压力曲线。利用本章第一节所述的成岩相测井识别技术，确定出 43 块岩心样品所对应深度的成岩相类型包括绿泥石衬边弱溶蚀成岩相、不稳定组分溶蚀成岩相和碳酸盐胶结成岩相。不同成岩相岩石的压汞毛细管压力曲线以及对应的 J 函数如图 3-25 至图 3-27 所示。

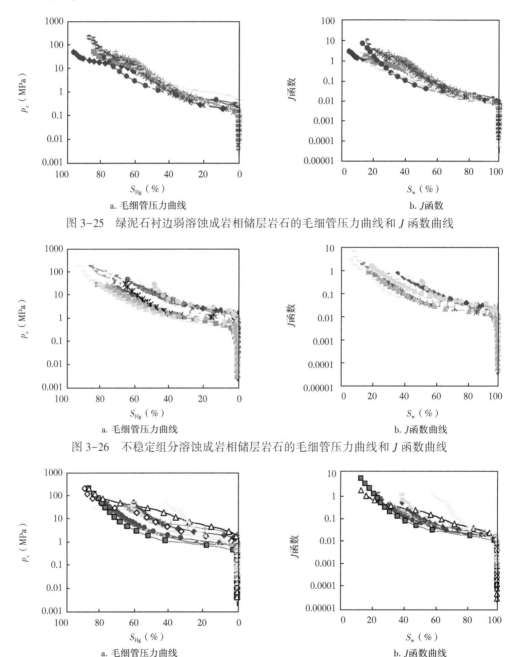

图 3-25　绿泥石衬边弱溶蚀成岩相储层岩石的毛细管压力曲线和 J 函数曲线

图 3-26　不稳定组分溶蚀成岩相储层岩石的毛细管压力曲线和 J 函数曲线

图 3-27　含碳酸盐胶结成岩相夹层的储层岩石的毛细管压力曲线和 J 函数曲线

通过对图 3-25 至图 3-27 所示的不同成岩相储层岩石压汞毛细管压力和对应 J 函数曲线进行研究，可以得出如下结论：（1）对于不同成岩相储层，对应岩石的毛细管压力曲线的形态也不相同，成岩相类型较好的岩石，对应的毛细管压力曲线所反映的孔隙结构也越好；（2）具有相同成岩相类型的岩石，毛细管压力曲线的形态也接近，且可以用相同的 J 函数来描述；（3）对于不稳定组分成岩相岩石和碳酸盐胶结成岩相岩石，虽然毛细管压力曲线的形态不同，但对应的 J 函数形态基本相同，因此，可以将不稳定组分成岩相岩石和碳酸盐胶结成岩相岩石进行组合以获取毛细管压力曲线构造模型参数。

根据图 3-25 至图 3-27 所示的结果，为了连续的构造毛细管压力曲线，在利用成岩相对储层进行分类后，根据储层的成岩相差异，将其划分为三大类：绿泥石衬边弱溶蚀成岩相储层、不稳定组分溶蚀成岩相以及碳酸盐胶结成岩相储层，针对不同类型的储层岩石，分别获取式（3-11）中不同进汞压力下的毛细管压力曲线构造模型参数，以实现连续定量评价姬塬地区长 8 低渗透砂岩储层孔隙结构的目的。

根据上述方法，对长 8 低渗透砂岩储层实际资料进行处理以评价储层的孔隙结构。需要注意的是，在长 8 储层，没有岩心样品同时进行了压汞毛细管压力实验和岩心核磁共振测量。为了实现对储层孔隙结构进行连续评价的目的，通过对比不同成岩相储层岩石与图 3-25 至图 3-27 所示的三类储层岩石的毛细管压力曲线和 J 函数曲线的形态，发现绿泥石衬边弱溶蚀成岩相储层岩石的 J 函数曲线形态与图 3-25 示的 J 函数曲线形态接近，而不稳定组分溶蚀成岩相和碳酸盐胶结成岩相储层岩石的 J 函数曲线形态与图 3-26 所示的 J 函数曲线形态接近。因此在姬塬地区长 8 实际储层评价中，针对绿泥石衬边弱溶蚀成岩相储层，用表 3-3 所示的公式构造毛细管压力曲线，针对不稳定组分溶蚀成岩相储层，用表 3-4 所示的公式构造毛细管压力曲线，针对碳酸盐胶结成岩相储层，用表 3-5 所示的公式构造毛细管压力曲线。

如图 3-28 所示，根据第 9 道成岩相识别结果判断，该井段为不稳定组分溶蚀成岩相，中间夹杂有碳酸盐胶结成岩相夹层。因此采用表 3-4 所示的模型公式构造毛细管压力曲线。第 8 道为利用该模型构造的核磁共振毛细管压力曲线，第 7 道为利用核磁共振毛细管压力曲线转换得到的孔喉半径分布。为了验证毛细管压力曲线构造结果的可靠性，将利用构造的核磁共振毛细管压力曲线计算的排驱压力（PCSW. PD）、最大孔喉半径（PCSW. RMAX）、中值半径（PCSW. R50）和中值压力（PCSW. P50）与经岩心实验参数反算得到的孔隙结构评价参数进行对比，其结果分别如图 3-28 中第 10 道至第 13 道所示。从两种方法获取的储层孔隙结构评价参数的对比可以看到，利用核磁共振毛细管压力曲线计算的储层孔隙结构评价参数是可靠的，这充分证明了在 H44 井长 8 储层，利用表 3-3 所示模型构造的毛细管压力曲线的准确性。

如图 3-29 所示，第 8 道所示的成岩相识别结果显示 xx29.00～xx34.00m 井段为不稳定组分溶蚀成岩相储层，xx33.00～xx43.00m、xx47.00～xx54.00m 和 xx57.00～xx73.00m 井段则为绿泥石衬边弱溶蚀成岩相储层。因此，在 xx29.00～xx34.00m 井段，选用表 3-4 所示的模型参数构造毛细管压力曲线，而在 xx33.00～xx43.00m、xx47.00～xx54.00m 和 xx57.00～xx73.00m 井段则选用表 3-3 所示的模型参数构造毛细管压力曲线。第 6 道和第 7 道所示的储层孔喉半径分布和核磁共振毛细管压力曲线表明，绿泥石衬边弱溶蚀成岩相储层具有较好的孔隙结构，储层毛细管压力曲线相对靠下，对应储层的孔喉半径分布范围较

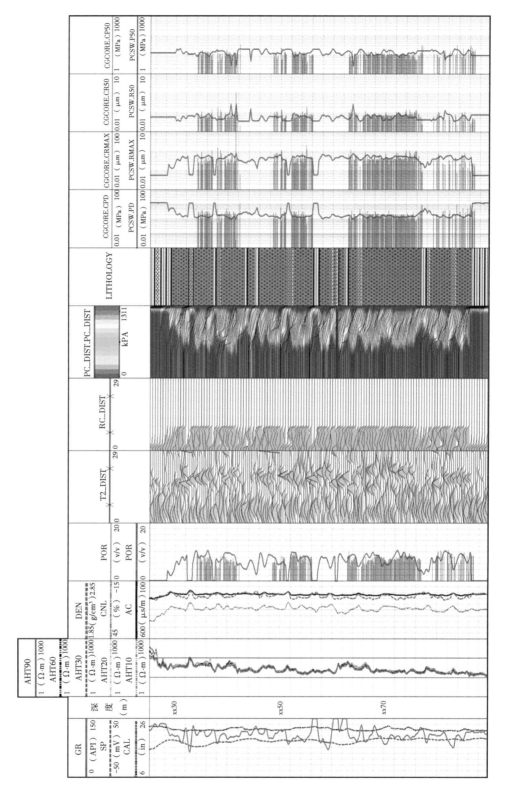

图 3-28 鄂尔多斯盆地西北部姬塬地区 H44 井三叠系长 8 储层孔隙结构测井评价成果图

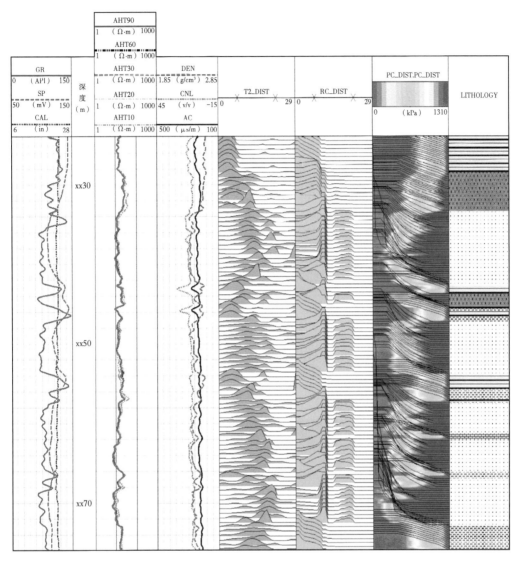

图 3-29　鄂尔多斯盆地西北部姬塬地区 L42 井三叠系长 8 储层孔隙结构测井评价成果图

宽，大孔喉所占的比例也较多。不稳定组分溶蚀成岩相储层的孔隙结构较差，储层毛细管压力曲线相对靠上，对应储层的孔喉半径分布范围较窄，主要以小孔喉分布为主，大孔喉所占的比例相对较小。结合成岩相和毛细管压力曲线评价结果，能够准确地评价低渗透砂岩储层的孔隙结构。

第三节　非均质储层测井参数精细建模

基于成岩相和孔隙结构定量评价，开展低渗透致密砂岩储层分类建立孔隙度、渗透率模型、岩电参数优化、束缚水饱和度评价以及低对比度油层的识别与评价研究。

根据岩石体积物理模型的定义，测井仪器的测量结果是岩石骨架、孔隙流体的综合贡献之和。本章第一节表明，不同成岩相地层的碎屑组分和填隙物成分等均不相同，因此，不同的成岩相地层岩石的骨架参数也不相同。不同成岩相地层由于其孔隙结构存在差异，导致储层的孔渗关系和岩电参数也不相同。为了提高低渗透砂岩储层参数的解释精度，应分成岩相建立相应的储层参数测井评价模型。

一、孔隙度评价

利用图 3-4 鄂尔多斯盆地西北部姬塬地区长 8 段不同成岩相地层常规测井识别技术划分成岩相后，针对不同成岩相储层，采用岩心刻度测井的方法，分别建立了相应的孔隙度计算模型。在鄂尔多斯盆地西北部姬塬地区长 8 段，能够形成有效储层的成岩相类型包括绿泥石衬边弱溶蚀成岩相、不稳定组分溶蚀成岩相和以夹层形式存在的碳酸盐胶结成岩相，高岭石成岩相地层和压实致密成岩相地层不能构成有效储层，且在高岭石成岩相地层和压实致密成岩相地层中没有取心进行分析化验。在建立储层孔隙度计算模型时，分别建立了姬塬地区长 8_1 段绿泥石衬边弱溶蚀成岩相、不稳定组分溶蚀成岩相和碳酸盐胶结成岩相储层的岩心孔隙度 ϕ_c—测井密度交会图，如图 3-30 所示。

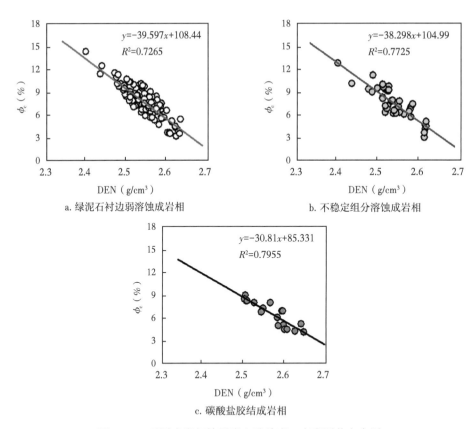

图 3-30　不同成岩相储层岩心孔隙度—密度测井交会图

从图 3-30 可以看到，储层的成岩相类型不同，体积密度与岩心孔隙度之间的相关关系也不同。同时也可以看到，密度测井值相同但成岩相不同的储层，反映的储层孔隙度也不相同，绿泥石衬边弱溶蚀成岩相储层的孔隙度最大，而碳酸盐胶结成岩相储层的孔隙度则最小。与图 3-31 所示的储层孔隙度评价模型相比，利用图 3-30 所示的分成岩相建立的孔隙度计算模型计算储层孔隙度，将提高低渗透砂岩储层孔隙度的计算精度。

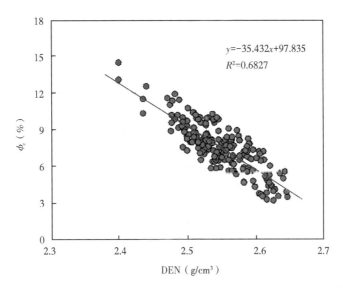

图 3-31　鄂尔多斯盆地西北部姬塬地区三叠系长 8₁ 储层测井密度与岩心孔隙度交会图

二、渗透率评价

1. 基于成岩相分类的低渗透砂岩储层渗透率评价模型

对于不同成岩相储层，由于岩石孔隙结构不同，导致孔隙连通性、渗流能力存在差异。因此，不同成岩相地层，孔隙度—渗透率相关性不同。在计算低渗透砂岩储层渗透率时，应分成岩相建立储层的渗透率评价模型。

如图 3-32 所示，在相同的岩心孔隙度下，成岩相越好的储层，岩心渗透率 K_c 越高。随着孔隙度的增大，成岩相越好的储层，渗透率增大得越快。

在对储层成岩相进行划分的基础上，分成岩相计算储层孔隙度、渗透率与岩心分析结果的对比图。如图 3-33 所示，xx59.00～xx73.80m 井段为绿泥石衬边弱溶蚀成岩相储层，中间含有碳酸盐胶结成岩相夹层。xx73.80～xx84.00m 井段则为不稳定组分溶蚀成岩相储层。因此，xx59.00～xx73.80m 井段分别选择图 3-30a 和图 3-32a 所建立的孔隙度和渗透率评价模型进行计算，xx73.80～xx84.00 m 井段的孔隙度和渗透率的计算则选择图 3-30b 和图 3-32b 所示的模型。

从图中利用基于成岩相分类基础上的储层参数评价模型计算的孔隙度（PHIT）、渗透率（PERM）与岩心分析孔隙度（CPOR）、岩心渗透率（CPERM）的对比可以看到，分成岩相建立的储层孔隙度和渗透率模型是可靠的，利用其计算的储层孔隙度、渗透率与岩心分析结果非常吻合，计算结果能够代表低渗透砂岩储层真实的孔隙度和渗透率。

2. 基于 Swanson 参数的低渗透砂岩储层渗透率估算模型

通常情况下，采用进汞饱和度为线性横坐标，进汞压力为对数纵坐标的半对数坐标系来绘制压汞毛细管压力曲线。然而，当采用双对数坐标系绘制毛细管压力曲线时，毛细管压力曲线的形态近似于双曲线。

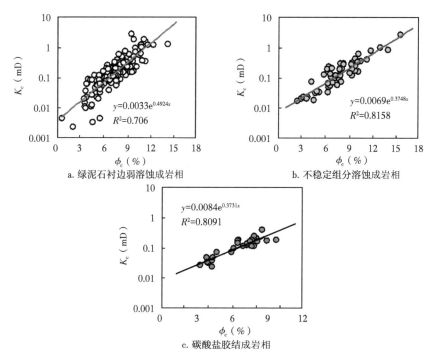

a. 绿泥石衬边弱溶蚀成岩相　　　　b. 不稳定组分溶蚀成岩相

c. 碳酸盐胶结成岩相

图 3-32　不同成岩相储层岩心孔隙度—渗透率交会图

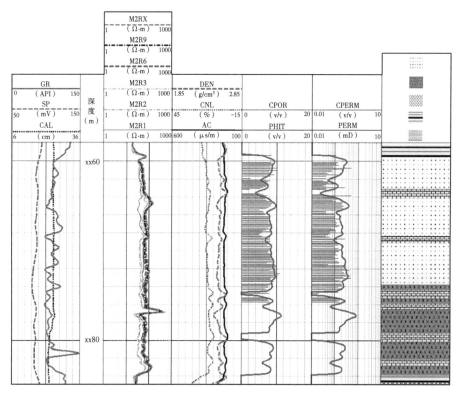

图 3-33　H115 井长 8 段基于成岩相分类的储层参数测井解释成果图

通过对大量的不同层位的高孔高渗透岩心数据进行研究，Swanson 等和 Guo 等先后发现不同岩心样品实验得到的有效控制流体流动的孔隙系统的汞饱和度与双对数坐标系下的毛细管压力曲线拐点是一一对应的。在进汞压力较小，毛细管压力曲线的拐点出现前，非润湿相流体（压汞实验中的汞）主要占据相互连通的有效孔隙空间，而润湿相流体（空气）则占据微小的孔隙空间或不规则孔隙角隅；随着施加的进汞压力慢慢增大，过了毛细管压力曲线的拐点后，非润湿相流体开始进入岩石微小的孔隙空间或占据不规则孔隙角隅，非润湿相流体的流动能力急剧下降。因此，拐点处的汞饱和度代表对流体流动有贡献的那部分孔隙空间的体积，相应的毛细管压力所对应的孔喉半径则反映连通整个有效孔隙空间的最小喉道大小。毛细管压力曲线的拐点在双对数坐标系下是双曲线的顶点。在拐点处，进汞饱和度 S_{Hg} 与进汞压力 p_c 的比值 S_{Hg}/p_c 比毛细管压力曲线上任何其他部分都高，表明在该点处单位压力下的进汞量最多。如果以 S_{Hg} 为横坐标，S_{Hg}/p_c 为纵坐标作图，则毛细管压力曲线的拐点位于最高点（图 3-34），习惯上，称该点的 S_{Hg}/p_c 为 Swanson 参数。

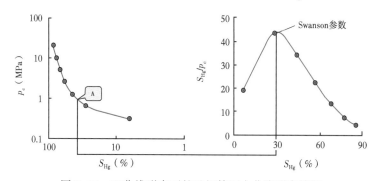

图 3-34　双曲线形态下的毛细管压力曲线形态特征

通过对鄂尔多斯盆地西北部姬塬地区长 8 低渗透砂岩压汞毛细管压力实验结果的研究表明，Swanson 参数与相应岩心样品的综合物性指数（$\sqrt{K/\phi}$）之间存在着良好的相关关系（图 3-35）。

如图 3-35 所示，Swanson 参数与岩石综合物性指数之间存在明显的线性函数关系，而且这种关系具有普遍性。针对不同的地区，不同的层位，二者之间函数关系的系数不同。利用此函数关系，在基于核磁共振测井资料构造出连续的毛细管压力曲线后，结合储层孔隙度，能够准确地计算低渗透砂岩储层渗透率。

如图 3-36 所示，第 8 道中 PERM 为利用图 3-35 所示的 Swanson 参数模型计算的渗透率，CPERM 为岩心分析的渗透率，第 9 道中 Swanson 为利用核磁共振毛细管压力曲线计算的 Swanson 参数，CSWANSON 为利用岩心压汞实验结果计算的 Swanson 参数。从二者的对比可以看到，利用核磁共振毛细管压力曲线计

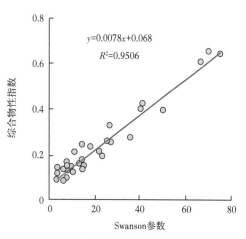

图 3-35　鄂尔多斯盆地西北部三叠系长 8 储层 Swanson 参数与综合物性指数相关关系

算的渗透率与岩心实验结果基本吻合，验证了 Swanson 参数模型在低渗透砂岩渗透率评价中的可靠性。相对于利用岩心孔隙度和渗透率建立的模型，Swanson 参数模型大大提高了渗透率估算结果的可靠性。

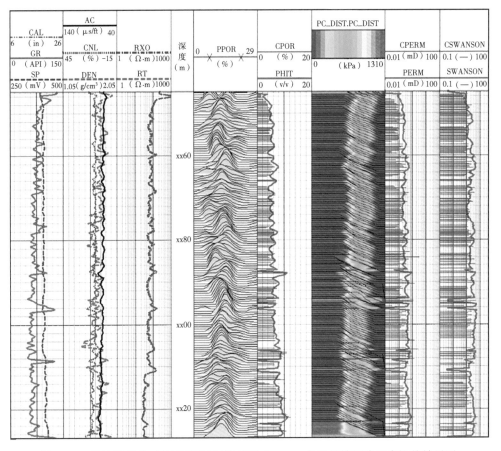

图 3-36　某地区某井三叠系某组 X4 段基于 Swanson 参数的储层渗透率评价效果图

三、含水饱和度评价

根据岩电实验所选岩心样品对应地层深度的成岩相识别结果，研究不同成岩相储层的导电特性，分别建立了绿泥石衬边弱溶蚀成岩相、不稳定组分溶蚀成岩相和碳酸盐胶结岩相岩石的孔隙度—地层因素交会图（图 3-37）以及含水饱和度—电阻增大率交会图（图 3-38）。

不同成岩相岩石的孔隙度—地层因素交会图表明：（1）低渗透砂岩储层岩石孔隙度—地层因素之间并不是简单的幂函数关系。m 不是一个固定值，而是随着孔隙度的增大而增大。（2）不同成岩相储层岩石具有不同的胶结指数，成岩相越好，代表储层孔隙结构越好，孔隙连通性越好，胶结指数也越大。（3）绿泥石衬边弱溶蚀成岩相储层主要以粒间孔隙为主，孔隙连通性最好，对应的胶结指数接近于经典的 Archie 公式（图 3-37 中的黑色线，$m=2.0$）。（4）对于不同成岩相的岩石，当孔隙度大于 25.0% 时，岩石孔隙度基本可以看成是相互连通的粒间孔隙。因此，各种成岩相岩石的胶结指数基本相等，均接近于

2.0。含水饱和度—电阻增大率交会图表明，不同成岩相储层岩石对应的饱和度指数也不相同，成岩相越好，饱和度指数越大。

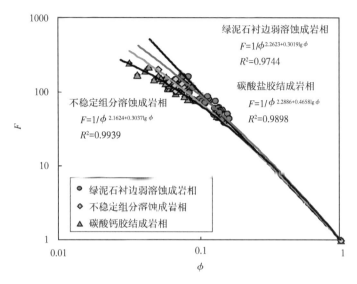

图 3-37　不同成岩相岩石孔隙度—地层因素交会图

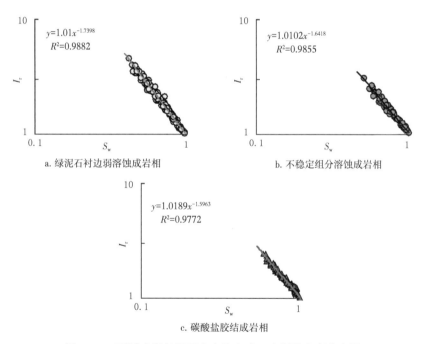

a. 绿泥石衬边弱溶蚀成岩相　　　　　b. 不稳定组分溶蚀成岩相

c. 碳酸盐胶结成岩相

图 3-38　不同成岩相岩石含水饱和度—电阻增大率交会图

　　根据成岩相对储层岩石的岩电关系进行分类后，针对不同成岩相储层分别选择不同的岩电参数计算含水饱和度，将大大提高低渗透砂岩储层含水饱和度的计算精度。

　　利用基于成岩相分类的储层孔隙度、渗透率评价模型和岩电参数优化结果，对姬塬地区的一口密闭取心井 H15 井进行了处理，处理结果如图 3-39 所示。第 8 道所示的成岩相

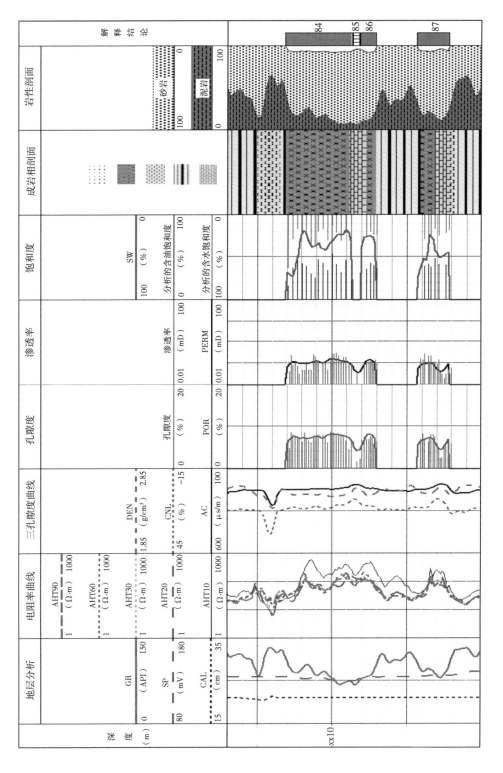

图3-39　H15井长8储层基于成岩相分类的储层参数测井解释成果图

识别结果显示 84 至 87 号层主要以不稳定组分溶蚀成岩相为主，中间夹杂有厚度较薄的碳酸盐胶结成岩相夹层。因此，分别选择图 3-30b、图 3-32b、图 3-37 和图 3-38 中的不稳定组分成岩相孔隙度、渗透率和岩电关系计算储层的孔隙度、渗透率和含水饱和度。第 5 道至第 7 道分别显示了利用基于成岩相分类的优化模型计算的孔隙度、渗透率和含水饱和度与岩心实验结果的对比，利用基于成岩相分类基础上的储层参数评价模型计算的孔隙度和渗透率与岩心分析结果基本吻合，能够真实地反映地层的储层参数。而利用优化的岩电参数计算的含水饱和度与密闭取心分析的含水饱和度也基本吻合。根据测井计算的孔隙度和渗透率，将 84 号层、86 号层和 87 号层解释为有效储层，测井计算的含水饱和度和密闭取心分析的结果均显示这三个解释井段的含水饱和度介于 20.0%~45.0%，综合判断 84 号层、86 号层和 87 号层均为油层。2507.00~2510.00m 井段的试油结果显示日产油 4.42t，不产水，为纯油层，很好地验证了含水饱和度评价结果的可靠性。

第四章 致密油 "三品质" 测井 定量评价技术

鄂尔多斯盆地延长组长 7 源内致密砂岩储层紧邻烃源岩, 石油充注程度高, 含油饱和度高达 70% 以上, 可动流体饱和度为 47.38%。源内致密油藏与盆地已开发的特低渗透、超低渗透油藏相比, 在测井地质特征方面既有共性也有差异性。共性主要表现在物性差、孔喉结构复杂、非均质性强、岩电性质复杂、油层识别评价难度大等特点。差异性主要表现在:(1)成藏及沉积模式不同。页岩油具源储共生的成藏特点, 主要以深湖—半深湖相重力流沉积为主; 而低渗透油藏为源外成藏, 以三角洲前缘沉积为主。(2)储层性质不同。页岩油储层岩性为粉—细砂岩为主, 孔隙类型以溶孔、微孔为主, 渗透率小于0.3mD; 而低渗透储层以粒间孔为主, 储层物性相对较好。(3)评价侧重不同。致密油储层岩石矿物组分、孔隙结构、岩石力学特征、有机碳含量等相关参数的评价极为关键; 低渗透油藏主要是评价其含油性。(4)开采方式不同。致密油一般采用水平井及体积压裂等非常规方式开采, 因此对岩石力学参数的计算及压裂效果的预测至关重要。这些差异性决定了致密油与低渗透油藏测井评价方法和侧重点不同。

针对上述挑战, 致密油测井评价应着眼于三个方面的核心问题(即 "三品质" 评价)来进行技术攻关。一是储层品质评价, 强化分析储层品质和相对优质致密油层展布规律; 二是烃源岩品质评价, 突出研究总有机碳含量计算方法、烃源岩品质描述参数以及烃源岩品质的纵横向展布规律; 三是完井品质评价, 重点确定地应力方位及其各向异性评价、优选出有利体积压裂层段。

第一节 致密油评价参数体系

根据盆地源内致密油地质与工程应用需求, 在常规储层 "四性" 评价的基础上, 重构了致密油 "三品质" 测井评价参数体系, 共包含储层品质、烃源岩品质及完井品质评价在内的 12 项参数(图 4-1)。

常规 "四性" 关系评价成果图主要包括泥质、孔隙度、渗透率、饱和度等参数的计算。致密油储层岩性、孔隙结构复杂, 测井性噪比低, 评价难度大, 因此仅通过常规 "四性" 关系评价无法满足地质和工程评价需要。通过近几年的技术攻关, 在岩石物理实验和测井新技术采集试验基础上, 创新开展了源内致密油 "三品质" 测井综合评价。在储层品质评价方面, 主要基于核磁共振测井开展了孔隙结构评价, 基于元素俘获+电成像测井开展了精细岩相和岩石组分评价; 在烃源岩品质评价方面, 基于岩性扫描+能谱测井开展了有机碳含量计算; 在完井品质方面, 基于阵列声波扫描测井, 开展了岩石力学评价(包括杨氏模量、泊松比、最小和最大水平主应力、岩石脆性)。图 4-2 是 C96 井测井综合解释成果图, 按照致密油 "三品质" 体系进行测井综合评价, 满足了地质工程评价需求。

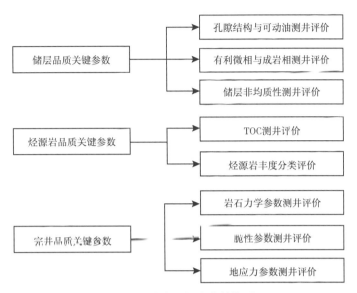

图 4-1 致密油评价参数体系

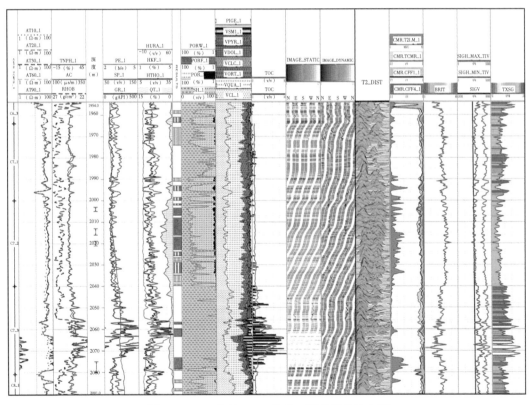

图 4-2 C96 井长 7"三品质"测井评价综合图

致密油"三品质"测井评价参数体系比传统的测井"四性"关系评价体系内涵更加丰富，不仅满足了储层精细评价的要求，并且通过源储配置关系研究，优选"甜点"区，满足地质综合研究的需要；同时还可以为水平井钻井和大型体积压裂改造等工程需求提供技术支持。因此"三品质"是致密油测井评价的核心内容，所建立的参数评价体系能够很好地满足盆地致密油勘探开发需求。

第二节　烃源岩品质测井评价

盆地延长组长 7 油层组沉积期为最大湖泛期，湖盆强烈坳陷，湖水分布范围广（超过 $10×10^4 km^2$），沉积了一套富有机质的油页岩、暗色泥岩，厚 20~60m。烃源岩有机质类型好，以低等水生生物为主，富含铁、硫、磷等生命元素，TOC 平均为 13.75%，以 I 型、II₁ 型干酪根为主，烃源岩条件优越，是致密油成藏的重要资源基础。

源内致密油是源储共生，未经长距离运移形成的油藏，烃源岩品质测井评价是源内致密油评价不可或缺的关键因素之一。以往烃源岩评价往往都是通过对钻井取心样品的实验分析获得，但是受钻井取心的限制，单口探井往往很难获得连续的烃源岩地球化学参数。因此利用测井资料连续丰富的特点，开展烃源岩品质的测井评价意义重大。通过识别优质烃源岩，并研究其源储配置关系，为最终寻找源内致密油藏"甜点"分布区奠定良好的基础。

一、烃源岩测井响应特征

鄂尔多斯盆地中生界延长组长 7 段含有大量的页岩，该段岩性主要为碳质泥岩、泥岩、粉砂质泥岩、泥质粉砂岩及粉细砂岩，且多数呈互层状。页岩含有有机质，而有机质具有密度低和吸附性强等特征，因此页岩在许多测井曲线上具有异常反映。在正常情况下，有机质含量越高的岩层在测井曲线上的异常越大，测井曲线对页岩的响应主要有：

（1）自然伽马线。在该曲线上表现为高异常，这是因为富含有机质的页岩往往吸附有较多的放射性元素铀。

（2）密度和声波时差曲线。富含有机质的页岩，其密度低于其他岩层，在密度曲线上表现为低异常，在声波时差曲线上表现为高时差异常。

（3）电阻率曲线。成熟的岩层由于含有不易导电的液态烃类，因而在该曲线上表现为高异常。利用这一响应可识别页岩的成熟情况。

如图 4-3 所示，其测井响应特征为：自然伽马值分布范围为 90~544API，平均值为 256API；补偿密度值分布范围为 2.2~2.58g/cm³，平均值为 2.45g/cm³；声波时差值分布范围为 185~345μs/m，平均值为 268μs/m；电阻率普遍为 30~300Ω·m，最高可达 2000Ω·m，该段整体测井响应特征表现为"三高一低"，即高自然伽马、高电阻率、高声波时差、低补偿密度。

二、烃源岩分类标准建立

根据岩性特征、有机地球化学指标并结合测井参数特征，将盆地长 7 泥页岩划分为黑色页岩（优质烃源岩）、暗色泥岩和一般泥岩三种类型，其中一般泥岩为非烃源岩。如图 4-4 所示，图中的相关性较好。通过岩性及 TOC 将烃源岩划分为三类，并与测井参数相结合，最终确定了烃源岩测井分类标准（表 4-1）。

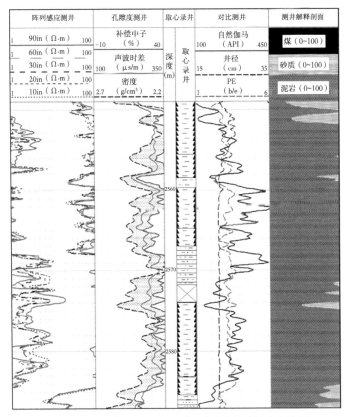

图 4-3　鄂尔多斯盆地长 7 典型烃源岩测井响应特征

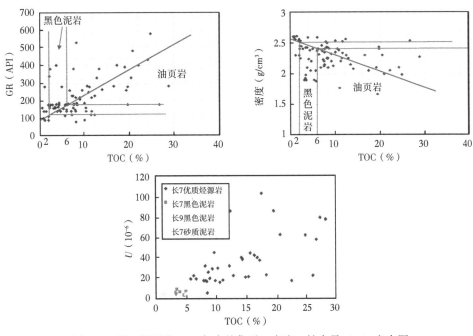

图 4-4　长 7 烃源岩 TOC 与自然伽马、密度、铀含量（U）交会图

表 4-1　长 7 泥岩测井分类标准

长 7 泥页岩 类型	自然伽马 （API）	密度 （g/cm³）	TOC （%）	划分类型
黑色页岩	>180	<2.3	>10	I
		2.4~2.3	6~10	II
暗色泥岩	120~180	2.3~2.5	2~6	III
一般泥岩	<120	>2.5	<2	

三、烃源岩品质定量评价

总有机碳含量是致密砂岩储层评价的一个很重要的参数，它反映了烃源岩有机质含量的多少和生烃潜力大小。虽然实验室测得的有机碳含量或测井计算总有机碳含量不等同于原始烃源岩总有机碳含量，但却反映了烃源岩生烃潜力，对于致密储层烃源岩特性的评价具有重大的意义。

目前对于总有机碳含量的评价，通常采用的是有机地球化学的方法，即利用钻井取心或井壁取心和大量的岩屑在实验室进行分析化验来得到结果。但取心费用昂贵并且不可能对每口井都做大量分析化验，故使得地球化学方法对有机碳评价存在一定的局限性。测井资料具有在纵向连续性好、分辨率高的特征，因此可以利用测井资料评价致密砂岩中烃源岩的总有机碳含量，从而弥补地球化学方法的不足，为有机质含量评价提供更加合理、准确结果。

许多基于测井特征和有机属性之间的经验公式已经被提出来计算 TOC。目前测井计算 TOC 方法主要有三种。第一种是 Exxon 石油公司的 $\Delta logR$ 法（Passey，1990）。该方法是利用曲线重叠法，把刻度合适的孔隙度曲线（声波时差或密度曲线）叠加在电阻率曲线上，在贫有机质层段，这两条曲线相互重合或平行；富含有机质层段中两条曲线分离，主要由于低密度干酪根在声波时差曲线的反应和地层流体在电阻率曲线的反应。但是这种方法对测井曲线的质量要求较高，也受限于一定的计算公式及模型，所以计算的精确度及适用性有限。第二种方法是自然伽马能谱铀曲线拟合法，通过线性拟合得到总有机碳含量与铀含量之间的关系式。最后一种方法是多元回归分析法，通过分析盆地长 7 大量的总有机碳含量岩心实验数据与测井响应特征的关系，优选声波时差、密度、自然伽马多元回归建立不同区块的 TOC 计算模型。

1. 孔隙度—电阻率曲线叠加（$\Delta logR$）法

利用 $\Delta logR$ 方法进行 TOC 评价的基本原理是利用自然伽马测井或者自然电位曲线识别并剔除油层、蒸发岩、火成岩、低孔隙度层段、欠压实的沉积物和井壁垮塌严重层段等，然后将刻度合适的孔隙度曲线（声波测井、补偿中子、密度）叠合在电阻率曲线上，在非烃源岩层段，电阻率与孔隙度曲线彼此平行并重合在一起；而在储层或富含有机质的烃源岩层段，两条曲线之间存在幅度差异。

在富含有机质的泥岩或页岩层段，电阻率和孔隙度曲线的分离主要由两种因素造成：一是孔隙度曲线产生的差异是低密度和低速度（高声波时差）的干酪根的响应造成的，在未成熟的富含有机质的岩石中还没有油生成，观察到的电阻率与孔隙度曲线之间的差异仅仅是由孔隙度曲线响应造成的；二是在成熟的烃源岩中，除了孔隙度曲线响应之外，因为有烃类的存在，地层电阻率的增加，使得两条曲线产生更大的差异。

孔隙度曲线（声波时差、补偿中子、密度）主要与固体有机质的数量有关，在未成熟的烃源岩中，电阻率与孔隙度曲线之间的间距（$\Delta\log R$）主要是由孔隙度曲线增大造成的，它反映有机质的丰度；而电阻率的增大或减小主要与生成的烃类物质有关。如图 4-5 所示，利用各种类型孔隙度曲线与电阻率曲线的间距（$\Delta\log R$）识别富含有机质岩石的推理过程。在交会图上声波时差向左偏移（即声波时差大），电阻率向也左偏移（即电阻率小），主要与固体有机质有关，反映了有机质丰度高，残留有机质较多，电阻率偏小，反映生烃较少，是较好的成熟烃源岩。当声波时差向左偏移（即声波时差偏大），而电阻率向右偏移，说明残留固体有机质

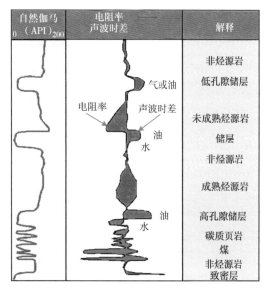

图 4-5 孔隙度与电阻率曲线叠加原理图

多，电阻率偏大，说明生烃较多，是好的成熟烃源岩。当声波时差向右偏移，而电阻率向左偏移，声波时差值偏小时，反映固体有机质较少，电阻率偏小，反映生烃较少，是差的烃源岩或非烃源岩。当声波时差向右偏移，而电阻率也向右偏移，由此形成电阻率和声波时差曲线间的差异。声波时差偏小，反映了有机质丰度低，残留有机质较少；电阻率偏大反映生烃较多，是好的成熟烃源岩。

采用电阻率与孔隙度曲线重叠法来定量评价烃源岩的 TOC，可分别采用电阻率—密度叠合法和电阻率—声波叠合法来计算 TOC，具体计算方法如下：

电阻率—密度叠合法

$$\Delta\log R = \lg \frac{R}{R_{\text{基线}}} + K(\rho - \rho_{\text{基线}})$$

$$\text{TOC} = \Delta\log R \cdot 10^{2.297 - 0.1688\text{LOM}}$$

(4-1)

电阻率—声波叠合法

$$\Delta\log R = \lg \frac{R}{R_{\text{基线}}} + K \cdot (\Delta t - \Delta t_{\text{基线}})$$

$$\text{TOC} = \Delta\log R \cdot 10^{2.297 - 0.1688\text{LOM}}$$

(4-2)

式中 K——互溶刻度的比例系数；

LOM——反映有机质成熟度指数，LOM = 7（经地球化学分析数据标定）。

对于陇东地区的高成熟度烃源岩来说，由于排烃作用，实验室测得的总有机碳含量不准确，从而导致该图版确定 LOM 不准确，如图 4-6 所示，点子非常分散，不能准确得到

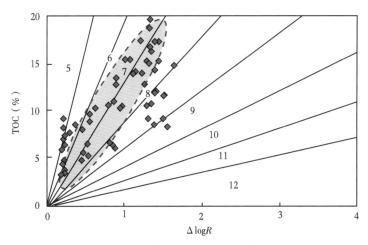

图 4-6　成熟度指数确定交会图

LOM 的大小，导致用该方法计算总有机碳含量不准确。

如图 4-7 所示，第 5 道蓝色曲线为用 $\Delta logR$ 法计算的 TOC，红色数据点为岩心分析总有机碳含量，可以看出，两者相关性不是很好，在上部由于 TOC 分析值远小于计算值，该段可能是由于排烃作用，实验室测得的总有机碳含量不准确导致，而下部分实验室测得的值大于计算得到的值，电阻率出现骤降的现象，该部分可能有黄铁矿影响，从而导致总有机碳含量评价结果的不准，故在有机碳成熟度较高或者含有黄铁矿层段需要另找方法进行计算。

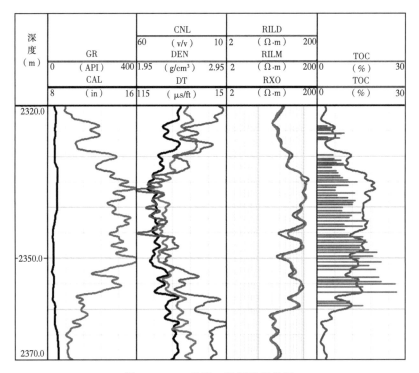

图 4-7　L57 井长 7 烃源岩测井图

2. 自然伽马能谱铀曲线拟合法

有机质中铀的富集、沉淀机理是一个非常复杂的物理、化学过程，铀在有机质中沉淀、富集的主要因素有以下几种：吸附作用、还原作用、离子交换作用，以及形成有机化合物的化学反应。有机质可以吸附铀元素，与铀元素产生配位作用而产生含铀的有机化合物或者还原含铀氧化物，因此铀元素对有机质含量具有非常好的指示作用，可以用铀含量曲线来计算有机碳的含量。

基于岩心刻度测井，建立总有机碳含量与相应深度的铀元素数值的交会图，图4-8是利用20块岩心分析总有机碳数据建立了总有机碳含量与铀的交会图，总有机碳含量与测井铀元素含量呈线性关系，相关系数为0.85。通过线性拟合得到总有机碳含量与铀含量U之间的关系式：

$$TOC = 0.59U + 0.38 \tag{4-3}$$

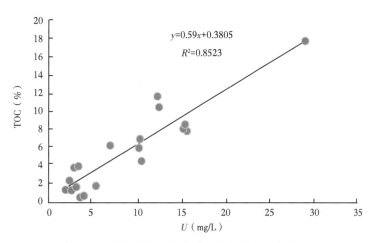

图4-8 延长组长7有机碳含量与铀含量交会图

如图4-9所示，第5道黑色曲线为用铀含量曲线计算的TOC，红色数据点为岩心分析总有机碳含量，两者相关性较好，因此可以采用铀含量曲线与总有机碳含量之间建立关系来评价总有机碳含量。

3. 多元拟合法

由于电阻率—孔隙度曲线叠加法不适用于目标区内的高成熟度页岩以及含有黄铁矿的层段，因此在对工区内进行总有机碳含量评价时采用铀含量曲线结合$\Delta logR$拟合法，利用多元线性方程拟合得出了拟合公式其相关性达到了0.88，公式如下：

$$TOC = 0.48U + 1.78\Delta logR + 0.184 \tag{4-4}$$

如图4-10所示，其中第5至第7道红色数据点为岩心分析总有机碳含量的结果，而三条黑色的曲线TOC、TOC_U、TOC_UL分别表示采用电阻率—声波曲线叠加法、铀含量曲线拟合法以及铀含量曲线联合$\Delta logR$法计算的总有机碳含量结果。从三种方法计算结果与岩心分析结果的相关性分析可看出，运用铀含量曲线联合$\Delta logR$法得到的结果与岩心分析结果吻合最好，铀含量曲线联合$\Delta logR$法是鄂尔多斯盆地总有机碳含量定量计算的最佳方法。

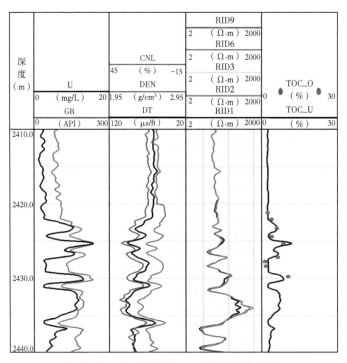

图 4-9　Z58 延长组 TOC 测井计算成果图

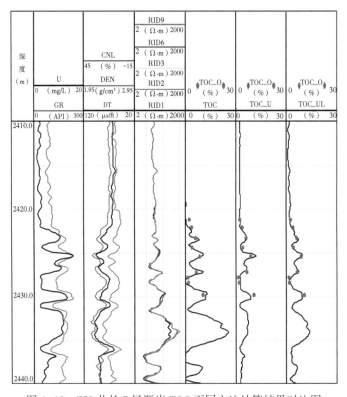

图 4-10　Z58 井长 7 烃源岩 TOC 不同方法计算结果对比图

由于本区自然伽马能谱测井采集较少，因此，难以普遍应用铀含量曲线联合 $\Delta\log R$ 法计算该区的 TOC。根据鄂尔多斯盆地的测井资料采集实际情况，应用取心资料标定，分别建立了 $\Delta\log R$ 结合常规测井的 TOC 计算模型和基于常规测井的 TOC 计算模型（图 4-11、图 4-12），用于实际资料处理。根据建立的 TOC 测井计算方法对该区进行处理，将前述分类标准应用于实际资料处理中，可进行单井纵向剖面上的烃源岩类型划分（图 4-13），并统计每类烃源岩的累计厚度，为分析全区烃源岩分布提供基础。

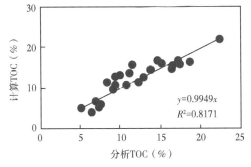

图 4-11　$\Delta\log R$ 结合常规测井 TOC 计算模型

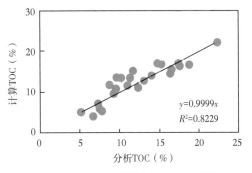

图 4-12　基于常规测井 TOC 计算模型

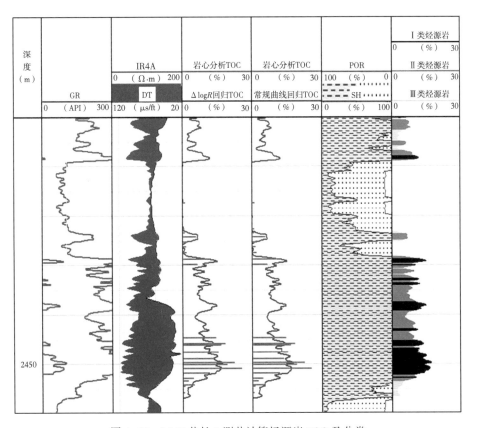

图 4-13　L147 井长 7 测井计算烃源岩 TOC 及分类

第三节　储层品质测井评价

在源内致密油储层品质评价中，测井解释面临的难点主要体现在以下两个方面：（1）致密油储层地质—岩石物理特征复杂，常规测井系列分辨能力低、信息量不足，需开展测井新技术、新方法试验及系列优选；（2）目前致密油测井评价基本沿用了低渗透储层的思路，其适应性明显不足，需提出针对性的测井评价内容、方法与标准。以岩石组分和孔隙结构评价为核心的储层品质评价是源内致密砂岩储层测井评价的主要任务之一。源内致密砂岩储层岩石矿物组分复杂，储集空间以次生溶蚀孔隙为主，孔隙类型多样，原始粒间孔基本消失，一般发育天然裂缝和微裂隙。岩石组分、孔隙类型、孔隙大小、裂缝发育情况及匹配关系是致密砂岩储层是否能够成为有效储层的重要因素。如何在岩石物理研究基础上，明确控制储层有效性的主控制因素，应用测井资料评价储层品质是源内致密砂岩储层测井评价的重要内容。

一、岩石组分测井精细解释方法

源内致密砂岩储层岩性复杂，主要为长石砂岩、岩屑长石砂岩和长石岩屑砂岩，细砂岩、粉砂岩占绝对优势，且富含有机质，造成了岩石组分定量评价难度大。弄清致密储层的矿物构成及确定储层岩石骨架，不仅可以为孔隙度等储层参数计算提供依据，而且对于致密油的有效开发有着重要的意义，因为致密油的有效开发都需经过大规模的储层改造，储层中脆性矿物成分含量的高低决定了储层改造的效果。

1. 基于全岩分析资料标定地层元素俘获测井（ECS）确定岩石组分

ECS 可测量地层中的硅、钙、铁、硫、钛、钆等元素，通过氧闭合可计算砂岩、泥岩、碳酸盐岩、黄铁矿等的矿物含量。图 4-14 为 C96 井长 7 段致密油层 ECS 评价与 X 射线衍射全岩分析实验结果对比图，长 7_3 富含黄铁矿和干酪根，ECS 解释结果与岩心 X 射线衍射全岩分析数据吻合较好。通过 C96 井的元素俘获谱测井解释结果发现，鄂尔多斯盆地长 7 段高自然伽马地层往往并非泥岩层，而有可能是很好的储层。

2. 基于多矿物模型综合反演确定岩石组分

1）多矿物模型建立

根据该地区储层岩石物理特征以及 X 射线衍射分析资料，可以得出其主要得岩石矿物及黏土矿物组分，同时为了更好利用常规测井资料计算矿物成分且便于最优化方法计算，需要舍去其中含量相对较少矿物（含量小于 5%），根据岩石矿物分布图和黏土矿物含量分布图，石英平均含量占 46%、长石平均含量占 30%，黏土矿物主要为伊利石和绿泥石，其中伊利石平均含量约占 10%，绿泥石平均含量约占 5%，故选择含量较高的石英、长石、伊利石以及绿泥石四种矿物成分作为地层的矿物组成。长 7 段是鄂尔多斯盆地主力生油层，有机质丰度较高，有机碳含量一般为 6%~14%，最高可达 30%，在烃源岩层段除选择上述四种矿物外，还需将干酪根作为一种特殊矿物加入模型。鄂尔多斯盆地延长组长 7 段岩石物理体积模型如图 4-15 所示。

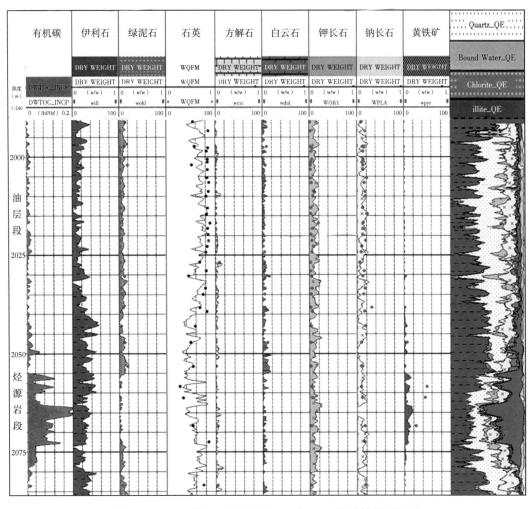

图4-14　C96井长7页岩油段ECS与XRD实验结果对比图

2）多矿物模型最优化求解

由于该地区测井系列除少数探井测量了新技术外，大多是一些常规测井曲线，包括三孔隙度测井曲线、双侧向测井曲线、自然伽马曲线、自然电位曲线和井径曲线。这些常规测井数据，对于不同的矿物，其测井响应值，如补偿中子、声波时差、自然伽马、补偿密度、岩性密度有很大的差异，说明测井记录对矿物具有区分作用，在构建模型时应该包括上述测井记录，充分利用已有的测井信息。

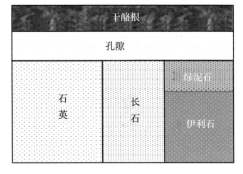

图4-15　致密油岩石物理体积模型

根据鄂尔多斯盆地的岩石物理模型，利用常规资料中的声波、中子、密度、自然伽马等常规测井数据，可以得到其测井响应方程组[式(4-5)]及目标函数[式(4-6)]：

$$\begin{cases} \rho_b = \rho_1 V_1 + \rho_2 V_2 + \cdots + \rho_i V_i + \rho_\varphi V_\varphi \\ \Delta t = \Delta t_1 V_1 + \Delta t_2 V_2 + \cdots + \Delta t_i V_i + \Delta t_\varphi V_\varphi \\ \phi_{cnl} = \phi_{cnl1} V_1 + \phi_{cnl2} V_2 + \cdots + \phi_{cnli} V_i + \phi_{cnl\varphi} V_\varphi \\ \cdots\cdots \\ 1 = V_1 + V_2 + \cdots + V_i + V_\varphi \end{cases} \quad (4\text{-}5)$$

$$\varepsilon^2 = \left(\frac{t_m - t_m'}{U_m} \right)^2 \quad (4\text{-}6)$$

式中　　i——代表所选择的各种矿物，i=1，2，…，m；

　　　　V_i，ρ_i，Δt_i，ϕ_{cnli}——分别为各种矿物的体积含量、体积密度、声波、中子等测井响应值；

　　　　V_φ，ρ_φ，Δt_φ，$\phi_{cnl\varphi}$——分别为孔隙空间中流体体积含量、体积密度、声波、中子等测井响应值；

　　　　t_m——经过校正的接近实际地层的第 m 种矿物的测井测量值；

　　　　t_m'——相对应的通过测井响应方程计算的理论值；

　　　　U_m——第 m 种矿物测井响应方程的误差。

对于式（4-5），可以采用最优化的方法来计算各种矿物体积含量，并通过式（4-6）来决定最优化解。

最优化原理计算矿物含量的技术已经相当成熟，利用该方法能简单而快速地计算出各矿物的含量（田云英等，2006）。最优化原理是根据反演理论，利用通过环境校正后能够大概反映地层特征的测井响应值为基础，建立相应的解释模型和测井响应方程，并且选择合理的区域性测井响应参数，反算出一个相应的测井值，并利用该测井值与实际测得的测井值进行比较，此时需要建立一个目标函数，该目标函数的原理是非线性加权最小二乘原理，即通过最优化方法不断调整未知测井响应参数值，使两者充分逼近，当目标函数达到极小值时，此时的方程的解就是最优解，该解可以充分反映实际储层测井响应值，其过程如图4-16所示。

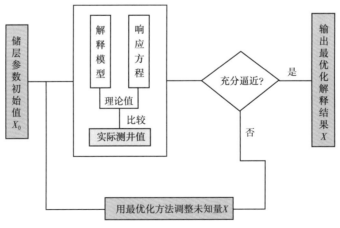

图 4-16　最优化方法流程图

关键参数的确定其实就是对最优化测井求解，它是将所有测井信息、测量误差及地质经验综合成一个多维信息复合体，应用最优化数学方法进行多维处理，求出该复合体的最优解。实现最优化测井解释的基础是通过上面建立的数学模型以及目标函数。通过选定的工区内矿物的种类以及工区内各种矿物的测井响应值（表4-2）代入建立的模型和非相关函数从而进行计算，矿物中干酪根、长石及伊利石的自然伽马值变化较大，其他测井响应参数相对稳定。计算时这些变化较大的参数是调整的重点，其他矿物的测井响应参数只需进行微调即可。每计算一次，将选用的测井响应参数重建测井曲线，并将重建的曲线与原始曲线做对比，如果不能很好地重合，则需要重新计算，直到重建的曲线和原始曲线能够很好地重合为止。

表4-2 模型选取矿物测井响应特征值

测井响应	中子 （%）	密度 （g/cm³）	声波时差 （μs/ft）	Pe （b/e）	自然伽马 （API）
干酪根	60	1.5	126	0.2	1400
石英	−5	2.65	50.5	1.806	10
正长石	−0.6	2.59	53.5	2.33~2.82	265
伊利石	25	2.9	85	2.64	220
绿泥石	50	2.6	85	6.79~11.37	56

利用多矿物模型对鄂尔多斯盆地 Z230 井延长组进行了处理，并与 X 射线衍射结果（质量百分数）进行对比，结果表明二者符合较好。图 4-17 是利用所建模型以及参数处理后 Z230 井长 7 段多矿物测井解释成果图。其中第 5 道为多矿物剖面，第 6 至第 8 道分别为黏土（vol_chlor+vol_il）、石英（vol_quar）及长石（vol_orth）的计算结果（已换算

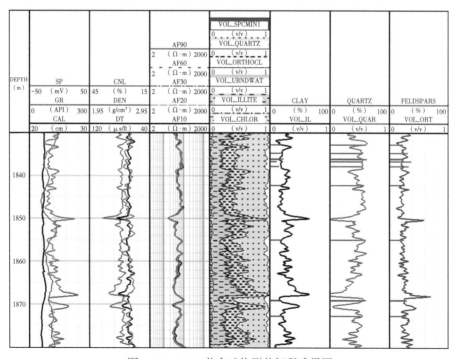

图 4-17 Z230 井多矿物测井解释成果图

成质量百分数）和 X 射线衍射结果对比道。由于该井 X 射线衍射并没有对黏土的各部分进行细分，只是分析了黏土的总量，故在此标定时将绿泥石和黏土矿物含量加在一道来进行刻度。

图 4-18 是反演曲线和实测曲线之间的对比关系图，将预测得到的自然伽马（第 2 道）、声波（第 3 道）、密度（第 4 道）、中子（第 5 道）及 U 曲线（第 6 道）与实际的测量曲线进行了对比（道中红色的曲线为实际测得的测井数据，黑色曲线为预测重建的曲线），通过对比五条重建的曲线与实测的曲线重合良好，从而证明了该模型中各矿物的参数选择是合理的，矿物含量计算结果是可靠的。

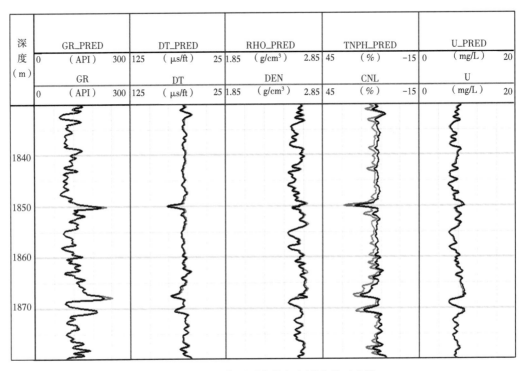

图 4-18　Z230 井预测曲线与实测曲线对比图

二、砂体结构测井表征方法

鄂尔多斯盆地延长组长 7 源内致密砂岩储层的油气藏主要分布在紧邻生烃中心的三角洲前缘和湖盆中部，沉积类型为重力流沉积，沉积砂体以砂质碎屑流、浊积岩以及滑塌浊积岩为主，从而导致长 7 源内致密砂岩非均质性强、砂体结构多样，包括块状砂体、砂泥互层及薄砂层（主要存在于页岩中）等在内的多种砂体共生。为深入研究致密砂岩储层中砂体非均质性和砂体结构，经过野外的实际地质考察分析发现长 7 砂体结构和非均质性与测井曲线特征之间有着很好的对应关系，因此可以利用反映岩性和非均质性特征的测井曲线对储层砂体结构进行定性描述和定量评价。

首先对测井曲线的定性特征进行分析，测井曲线的幅度和形态可以反映一些砂体结构特征。测井曲线形态的重要特征之一 ——幅度大小可以反映出沉积物的粒度、分选及泥质含量等沉积物特征变化。测井曲线的形态可反映沉积环境，包括柱（箱）形、钟形、漏斗形、平直形等，也可是各种形态的复合型。而各种曲线形状又可分为微齿化、齿化以及光滑。曲线的光滑程度与沉积环境的能量也密切相关，齿化代表间歇性沉积的叠积，如冲积扇和辫状河道沉积，曲线越光滑则代表物源越丰富，水动力越强。应用测井曲线提取能够表征沉积特征的测井参数可以对储层沉积特征和砂体结构进行定量分析。

曲线光滑程度是次一级的测井曲线形态特征，反映了水动力环境对沉积物改造持续时间的长短。曲线光滑程度可用变差方差根 GS 表示。为求 N_{th} 及 GS，须先构造差分序列 a_2-a_1，a_3-a_2，$\cdots$，a_n-a_{n-1}，差分序列个数 L 可以反映锯齿的多少，方差 S^2 可以反映数据整体波动性的大小，其中：

$$N_{th} = L/h \tag{4-7}$$

$$S^2 = \frac{1}{N} \sum_{i=1}^{n} (x_i - \bar{x})^2 \tag{4-8}$$

为了用一个参数反映锯齿的大小和多少，引入地质统计学中的变差函数 $\gamma(h)$，变差函数是 Motheron（1965）提出的一种矩估计方法。它反映了区域化变量在某个方向上某一距离范围内的变化程度，能够反映区域化变量的随机性和结构性其计算公式如下：

$$\gamma(h) = \frac{1}{2N(h)} \sum_{i=1}^{N(h)} (a_i - a_{i+h})^2 \tag{4-9}$$

式中 $N(h)$——间隔为 h 的数据对 (a_i, a_{i+h}) 的数目；

a_i 和 a_{i+h}——分别是区域变量 a 在空间位置 i 和 $i+h$ 处的实测值，$i=1$，2，$\cdots$，$N(h)$。
变差函数反映了数据局部波动性的大小。

变差函数反映数据局部波动性的大小，S^2 反映数据整体波动性的大小，故将二者结合构成 GS，这样它可以综合反映曲线段整体波动大小和锯齿的多少与大小，从而用该函数来表征曲线数据的光滑程度，计算公式如下：

$$GS = \sqrt{\gamma(1) + \gamma(2) + \cdots + \gamma(h) + S^2} \tag{4-10}$$

那么空间样本分隔距离怎么选取呢，即 h 取多少呢？对于测井曲线来说，由于它们的间隔是相等的，一般情况下每 0.125m 测一个值，既然要反映局部波动性的大小，那么 h 就越小越好，为了保证精度，取 $h=1$，2，式（4-10）简化为：

$$GS = \sqrt{\gamma(1) + \gamma(2) + S^2} \tag{4-11}$$

式（4-11）中，GS 越小，曲线越光滑，曲线波动性就越小，砂体结构为块状；反之，GS 越大，曲线越不光滑，曲线的波动性就越大，砂体结构为砂泥互层。

根据测井曲线的光滑程度，结合储层沉积特征和泥质含量等情况，对长 7 段储层的砂体结构进行定量评价。通过分析发现，测井曲线的光滑程度能够很好地表征砂体结构，因此，采用曲线的光滑程度可以构造一个表征砂体结构和储层含油非均质性的参数。利用曲线光滑函数 GS 构建了砂体结构的测井表征参数 PSS 以及储层含油非均质性参数 PPA，定义如下：

$$PSS = GS(GR)V_{sh} \tag{4-12}$$

$$PPA = \frac{\sum_{i=1}^{n}(H_i\phi_i S_{oi})}{GS(DEN)} \tag{4-13}$$

图 4-19 和图 4-20 分别为 Z233 井和 Z142 井两口井的砂体结构和储层含油非均质性参数计算实例，其中，第 5 道和第 6 道为利用曲线光滑程度函数计算出的砂体结构参数和含

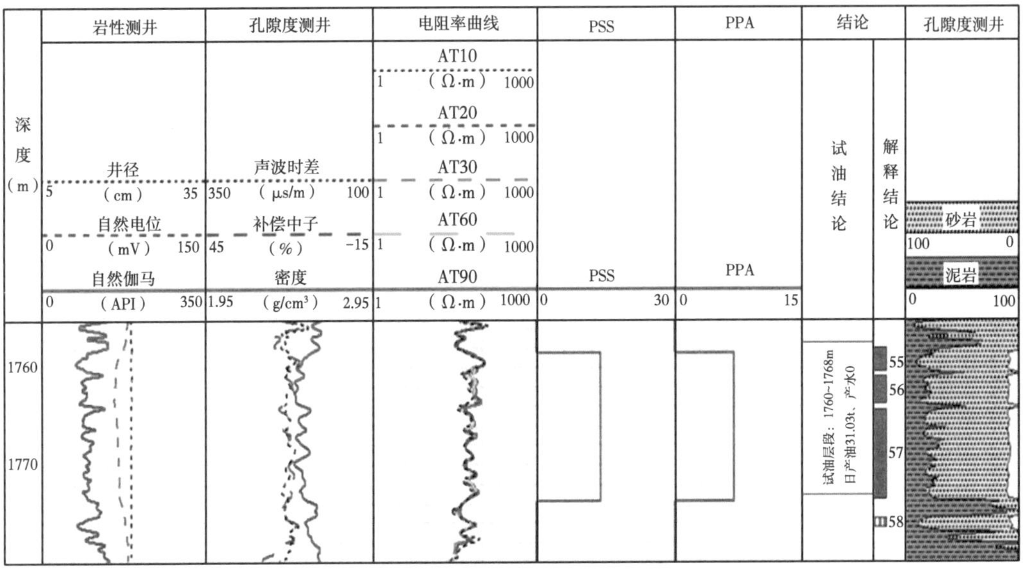

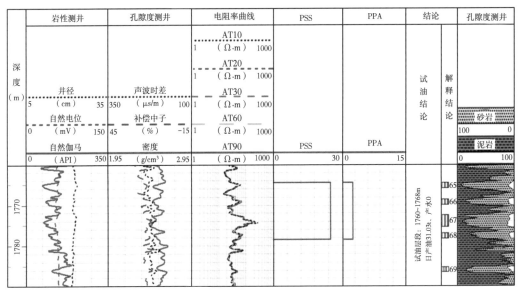

图 4-19　Z233 井砂体结构参数计算结果

图 4-20　Z142 井砂体结构参数计算结果

油非均质性参数结果，第 7 道为试油结论和解释结论，第 8 道为砂泥岩剖面。Z233 井中伽马测井曲线为微齿化的中幅箱形，为块状砂体，砂体整体的均质性好，Z142 井中自然伽马曲线呈齿化的钟形、指形特征，为砂泥互层，砂体整体均质性差。从计算出的砂体结构参数和含油性参数结果来看，Z233 井的光滑程度明显好于 Z142 井。根据测井参数评价结果，Z233 井的储层砂体结构和含油非均质性均优于 Z142 井。

应用该方法对该区块的井进行了处理，分别计算了储层砂体机构参数和含油非均质性参数。以砂体结构参数做横坐标、含油非均值性参数做纵坐标建立了致密油分级评价图版，如图 4-21 所示，横坐标从左向右表示砂体从互层状砂体向块状砂体变化，砂体结构逐渐变好；纵坐标由下向上表示储层的含油性及均质程度由差到好。图中红色圆点表示产油大于 10t/d，绿色三角点表示产油小于 10t/d。

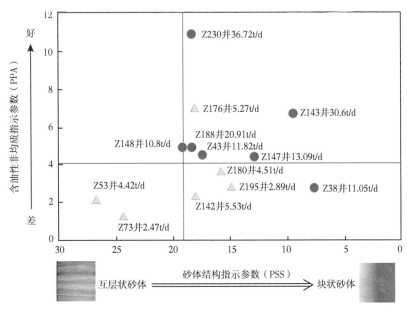

图 4-21 Z230 井区致密油层分级评价图版

三、孔隙结构测井评价方法

储层孔隙结构特征指岩石所具有的孔隙和喉道的几何形状、大小、分布及其相互连通关系。对致密储层，其孔隙结构最根本的特点就是孔隙喉道细小，迂曲度复杂，毛细管压力高。储层岩石的孔隙结构特征是影响储层流体（油、气、水）的储集能力和开采油气资源的主要因素，因此，对于发现有利勘探目标，有效开展储层评价，实现致密储层合理开发具有重大意义。

目前研究储层的孔隙结构多是应用岩心实验室分析，主要包括岩心 CT、压汞实验和核磁共振实验。但考虑到取心费用贵、实验周期长，利用测井资料分析储层微观孔隙结构是非常有必要的。

利用核磁共振测井来表征孔隙结构，是目前常用的方法，T_2 分布可以表示孔径分布。在实验室中，通常采用压汞法来提取孔喉参数，进而来表征孔隙结构，研究表明 T_2 分布与压汞得到的孔径分布曲线类似。因此，能将 T_2 分布曲线转换为压汞曲线，从而来表征孔隙结构。

目前用来转换毛细管压力的方法主要有线性转化法、幂函数法、基于 Swanson 参数的转化法（肖亮，2008）、J 函数和 SDR 结合的转化法（详见本章第二节）、二维等面积法和径向基函数法。对于线性转化法、幂函数法等存在的问题以及在复杂孔隙结构致密砂岩储层中的不适应性，提出基于幂函数的修正公式将 T_2 谱转化为伪毛细管压力曲线，通过毛细管压力反映孔喉半径分布与 T_2 谱之间的非线性转换得到（具体转换关系需要进一步通过大量岩心配套实验深入研究确定），即：

$$p_c = \frac{E}{T_2 D}\left[1 + \frac{A}{(BT_2 + 1)^c}\right] \tag{4-14}$$

该方法综合幂函数法和可变刻度法的优点，对幂函数转化小孔部分误差较大问题用变刻度系数进行修正。应用该方法对该区长 7 段岩心样品进行分析和转化，选取样品孔隙度为 6.9%、渗透率为 0.01mD，岩心 T_2 谱如图 4-22 所示，对应的岩心压汞毛细管压力曲线如图 4-23 所示。

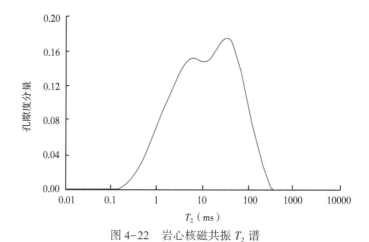

图 4-22　岩心核磁共振 T_2 谱

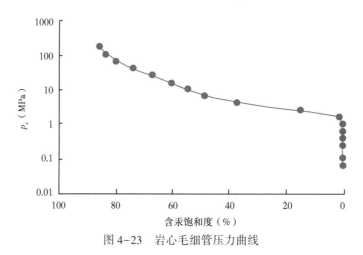

图 4-23　岩心毛细管压力曲线

采用不同的核磁共振转换伪毛细管压力曲线方法进行转换，结果如图 4-24 所示，线性转化法误差较大；幂函数法大孔部分对应较好，小孔部分误差较大；变刻度法转化效果也不理想，均与实测压汞毛细管压力曲线有较大差异；而本次提出的修正公式转化伪毛细管压力曲线能很好地反映岩石的孔隙结构特征，与实验压汞毛细管压力曲线吻合效果好。

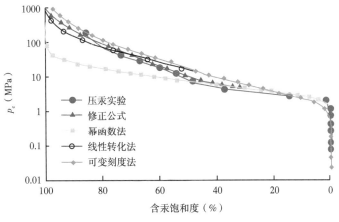

图 4-24　不同方法转换结果对比

基于岩石物理实验标定，并对核磁共振测井进行含油影响校正，利用核磁共振测井反演毛细管压力曲线，计算的孔隙结构定量评价参数合理可靠。

图 4-25 为 M53 井核磁共振测井资料进行含油校正前后 T_2 谱对比以及转换的伪毛细管压力曲线与实测毛细管压力曲线对比图。从图 4-25a 可看出含油校正前后 T_2 谱有明显差异，反映大孔隙的部分进行含油校正后左移，根据含油校正前后的 T_2 谱采用建立的伪毛细管压力转换方法，获得的伪毛细管压力曲线与压汞实验曲线对比可看出（图 4-25b），含油校正前转换的伪毛细管压力曲线由于受含油影响，排驱压力较低，而经含油校正后的 T_2 谱转换的伪毛细管压力曲线排驱压力增大，与压汞测量毛细管压力曲线获得的排驱压力相近，说明了在经含油影响校正后通过岩石物理实验标定建立的新的核磁共振与伪毛细管压力转换关系具有较好的应用效果，在此基础上计算的孔隙结构测井定量评价参数合理可靠。

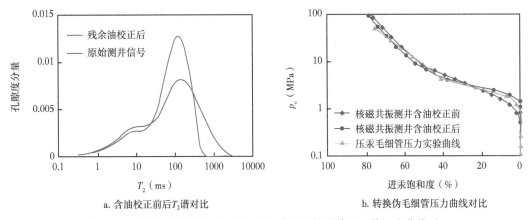

a. 含油校正前后 T_2 谱对比　　　　　　　b. 转换伪毛细管压力曲线对比

图 4-25　核磁共振测井资料含油校正前后及转换伪毛细管压力曲线对比

如图4-26所示，含油校正前后的 T_2 谱、转换的伪毛细管压力曲线、计算的排驱压力、中值压力、中值半径等参数有明显的差异，校正后的评价结果更加可靠。如第53号层直接应用测量的核磁共振信息反演 T_2 谱获得的排驱压力小于1MPa，根据该区的储层评价标准评价为Ⅰ类储层，但该井段岩心分析孔隙度为9%，渗透率为0.17mD，为Ⅱ—Ⅲ类储层，由于核磁共振测井受含油的影响，使得孔隙结构评价过于乐观。通过含油校正后转换的伪毛细管压力曲线得到排驱压力为1.5MPa，评价为Ⅱ—Ⅲ类储层，与取心分析结果一致。

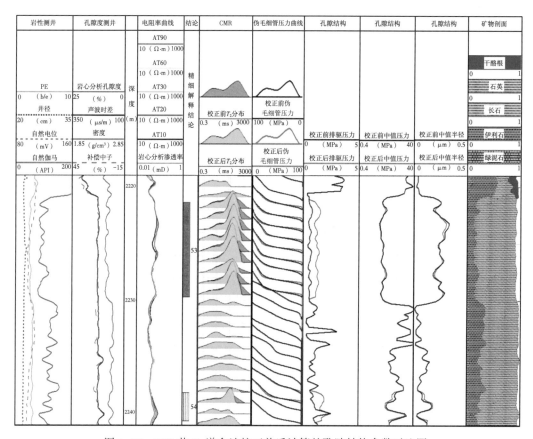

图4-26　M53井 T_2 谱含油校正前后计算的孔隙结构参数对比图

第四节　工程力学品质测井评价

鄂尔多斯盆地长7致密油储层岩性致密、物性差，前期按照常规压裂思路开展了大量的研究与试验，累计压裂改造600余口井，其中仅有337口井获工业油流，平均单井试油产量小于6t/d。但是随着体积压裂技术在国外致密油气中的成功运用，为长庆油田致密油勘探开发提供了新的思路。

"体积压裂"技术是压裂理念的一次革命，同时也对工程力学品质测井评价提出了新的挑战。首先必须研究哪段储层是最有利的"体积压裂"改造井段，其次测井应该为压裂改造提供必要的参数支持，并依据获得的参数对压裂缝高度进行预测，达到优化压裂方案的目的。因此以测井新技术资料为基础，通过综合分析致密油储层完井品质参数，可以为致密油优质高效钻完井及压裂增产等提供工程地质依据与技术支持。

一、地应力计算和方向确定

致密油的高效开发必须采用水平井钻井和大型体积压裂，而在水平井井眼轨迹优选和压裂方案设计中，地应力方位、大小及其各向异性是非常重要的一类参数，因此，地应力及其各向异性评价是致密油气评价的重要内容之一。

地应力包括垂直应力、最大水平应力、最小水平应力三种。垂直应力可通过上覆地层的全井眼密度测井值及其对深度的积分并考虑上覆地层的孔隙压力而确定。地应力评价主要指最大水平应力和最小水平应力，其内容包括方位、大小以及各向异性，主要采用电成像测井和阵列声波测井计算得到。

1. 地应力方向

横波在声学各向异性地层中传播可产生横波分裂现象，即分裂成沿刚性方向传播的快波和沿柔性方向传播的慢波，从阵列声波测井交叉偶极模式下的测量资料通过波场多分量旋转技术可提取快慢波信息（方位、速度和幅度），而快横波的传播方向与最大水平应力的方向一致，从而确定出最大水平应力方向。

电成像测井是分析地应力方位极其重要的资料之一，地层被钻开后，井壁附近的地应力场即被改变，导致井壁几何形态产生变化，如地应力释放后形成的裂缝、井眼崩落以及过高的钻井液压力造成的压裂诱导缝等。根据这些变化固有的规律性及其在电成像测井图像上的响应特征，可确定出水平地应力的方位。从电成像测井图像上可以拾取的井壁压裂缝（总是平行于地层最大水平主应力方向）方位指示的最大应力方向，由应力释放缝、井眼崩落（发生在最小地应力方向上）的方位可以确定出最小水平应力方向。

基于阵列声波测井与电成像测井，通过井眼崩落、诱导缝及快慢波判断地应力方位，盆地长 7 最大主应力方位为北东东—南西西向（图 4-27）。

2. 地应力大小

地层最小水平主应力 σ_h 可以通过扩展的漏失试验（XLOT）、微压裂等直接测量得到，但获取的数据量有限、深度剖面上分布零散。σ_h 也可以根据测井资料计算得到，并经其中一种直接方法进行刻度。

σ_h 的计算方法主要分为各向同性和各向异性两种模型。各向同性模型假设各个方向上岩石弹性参数没有变化，其计算方法很多（如垂向应力考虑了上覆岩石压力以及孔隙压力、水平应力考虑了构造残余应力作用的 ADS 方法，有效应力比为常数假设法，双井径曲线和电成像测井组合法，以及基于实验分析资料的经验公式法等）。目前常用的是多孔弹性模型，其各向同性和各向异性的最小水平地应力计算公式分别为：

$$\sigma_h - \alpha\sigma_p = \frac{\upsilon}{1-\upsilon}(\sigma_v - \alpha\sigma_p) + \frac{E}{1-\upsilon^2}\varepsilon_h + \frac{E\upsilon}{1-\upsilon^2}\varepsilon_H \tag{4-15}$$

$$\sigma_h - \alpha\sigma_p = \frac{E_h}{E_v}\frac{\upsilon_v}{1-\upsilon_h}(\sigma_v - \alpha\sigma_p) + \frac{E_h}{1-\upsilon_h^2}\varepsilon_h + \frac{E_h\upsilon_h}{1-\upsilon_h^2}\varepsilon_H \tag{4-16}$$

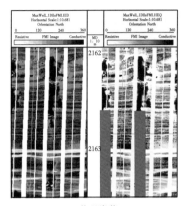

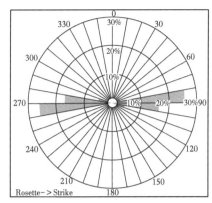

a. 井眼崩落　　　　　　　　　　　　b. 钻井诱导缝

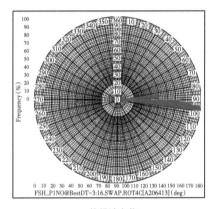

c. 快横波方位

图 4-27　长 7 最大主应力方位为北东东—南西西向

式中　σ_h——最小水平应力，MPa；

$\quad\quad\quad\sigma_p$——地层孔隙压力，MPa；

$\quad\quad\quad\alpha$——Biot 系数，无量纲；

$\quad\quad\quad\upsilon$——各向同性的泊松比，无量纲；

$\quad\quad\quad E$——各向同性的杨氏模量，GPa；

$\quad\quad\quad\varepsilon_h$ 和 ε_H——构造压力系数；

$\quad\quad\quad E_h$ 和 E_v——分别是各向异性水平和垂直方向上的杨氏模量，GPa；

$\quad\quad\quad\upsilon_h$ 和 υ_v——分别是各向异性水平和垂直方向上的泊松比，无量纲。

　　式（4-15）、式（4-16）的差异主要是考虑到了水平和垂直方向上岩石弹性参数间的差异，如果地层各向异性特征不明显，则可简化应用各向同性模型计算。图 4-28 为应用各向同性模型计算的岩石力学参数、脆性指数和最大水平应力、最小水平应力综合图。

二、岩石脆性参数定量计算

　　岩石的脆性是致密油"体积压裂"改造需要考虑的重要岩石力学特征之一。当黏土矿物含量较高时，岩石表现为塑性特征，不利于产生复杂裂缝网络体积。而当储层中石英、长石、碳酸盐等脆性矿物含量较高时，岩石的脆性特征强，有利于形成裂缝网络体积，适

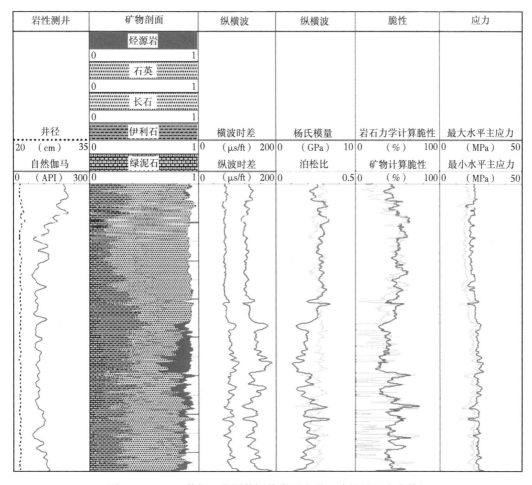

岩性测井	矿物剖面	纵横波	纵横波	脆性	应力

图 4-28　Z233 井长 7 段测井评价岩石力学、脆性及地应力特征

合于"体积压裂"改造。

目前，有两种常用的评价页岩脆性指数的计算方法：一是岩石力学参数法，二是岩石矿物分析法。

1. 岩石力学参数法

根据该区的岩石力学实验结果，杨氏模量和泊松比与岩石脆性指数之间具有较好的相关关系（图 4-29），可用杨氏模量和泊松比这两个独立的岩石力学参数来计算岩石脆性系数：

$$\Delta E = \frac{E-1}{9-1} \quad \Delta PR = \frac{0.4 - PR}{0.4 - 0.1} \quad BI = \frac{\Delta E + \Delta PR}{2} \times 100 \tag{4-17}$$

式中　E——实测弹性模量，$10^4 MPa$；

　　　PR——实测泊松比，无量纲；

　　　ΔE——归一化后的弹性模量，无量纲；

　　　ΔPR——归一化泊松比，无量纲；

　　　BI——脆性系数，%。

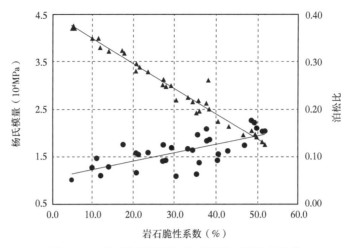

图 4-29 岩石脆性指数与杨氏模量、泊松比关系

2. 岩石矿物分析法

通过测定岩石矿物含量，根据脆性矿物成分含量高低可大致判断脆性强弱。通常用石英、长石等占总矿物的百分含量来表示其脆性系数。如延长组为砂泥岩剖面，其脆性系数计算公式为：

$$BI_2 = \frac{1 - \phi - V_{sh}}{1 - \phi} \times 100 \qquad (4-18)$$

为较好地计算岩石脆性，需要在测井采集系列中配备高精度的密度测井和阵列声波测井以获取高精度的杨氏模量和泊松比等岩石弹性参数。同时，刻度时需要注意的是，实验室测量值是静态弹性参数，测井计算值是动态弹性参数，两者之间存在较大的差异，而且这种差异随地层力学性质和实验条件不同而不同，需要通过对数据分析，建立其相关关系，实验动态和静态参数转化。

对于具体某一地区而言，阵列声波测井采集成本高，井数相对较少，难以进行全区的岩石脆性指数评价。岩石组分计算法则可以弥补这一不足，岩石组分计算法的关键在于精细确定储层的矿物组成及其含量。因此当该区块有横波测井资料时，有限考虑用岩石力学参数法进行计算，如果没有测井新技术资料则考虑用岩石矿物分析法，如图 4-30 所示，该区实际资料处理结果表明，岩石力学法（杨氏模量和泊松比）和岩石矿物法（石英含量）计算的岩石脆性指数具有很好的相关性。

三、压裂缝高度预测技术

"体积压裂"是以设计裂缝网络为目标，通过形成复杂的裂缝网络系统，扩大裂缝网络与油藏的接触体积，从而达到提高单井产量的目的。在致密油的开采过程中，如果压裂缝高度控制不好，打开上下的遮挡层，将会导致压裂失败，无工业油流产出。因此准确预测和控制裂缝的几何形态，对提高压裂作业成功率及效果有十分重要的指导意义。

利用岩石脆性系数和改进的 Iverson 模型预测压裂缝高度。压裂缝一般产生在最大水平地应力方位，而最小水平地应力则近似等于压裂缝的闭合压力，基于此，可使用破裂点施工压力（σ_h 与增压值 p 之和）与预测点最小水平应力相比较的方法来估算压裂缝高度

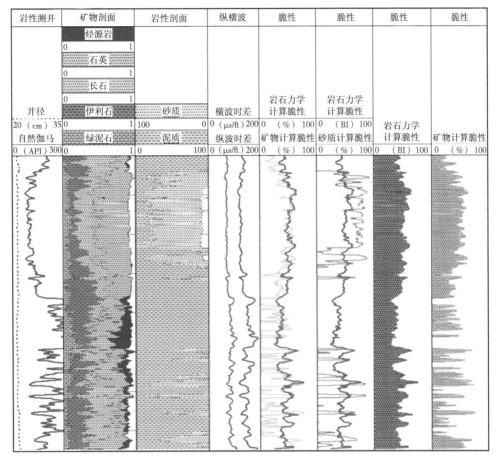

图 4-30　Z233 井不同方法计算脆性指数对比图

H_f。通过理论推导，建立 σ_h 与脆性系数 BI 的关系式，利用测井资料计算岩石脆性系数和地应力等参数来定量预测压裂缝高度。

目前预测压裂缝高度的模型主要是 Iverson 模型和 Simonson 模型，其中一个关键参数就是最小水平主应力。通过理论推导，建立了 σ_h 与脆性系数的定量关系式，实现了基于岩石脆性系数的压裂缝高度的定量预测。

在压裂过程中，压裂液在地层中产生了张力，在纵向压裂情况下，如果地层的顶部或底部受到的有效应力强度超过了地层岩石的抗张强度，则压裂缝将沿纵向延伸。压裂缝总是产生在最大水平地应力方位上，而与之垂直的最小水平主应力则近似等于压裂缝的闭合压力，基于此，可利用破裂段最小水平应力与增压值之和，与预测点最小水平应力相比较的方法来估算射孔层段地层的压裂缝高度。具体算法如下所述。

射孔层段上部压力差 Δp_u 为：

$$\begin{cases} \Delta p_{u1} = H_m \rho_m \times 0.00980665 \\ \Delta p_{u2} = \dfrac{\sigma_h - p_{\min}}{\pi/2} \arccos(\text{Hrat}) \\ \Delta p_u = \Delta p_{u1} - \Delta p_{u2} \end{cases} \tag{4-19}$$

147

式中　Δp_{u1}——射孔层段上部钻井液柱压力，MPa；

　　　Δp_{u2}——射孔层段上部裂缝变化而发生的压力改变，MPa；

　　　p_{min}——射孔段的地层最小闭合压力，MPa；

　　　Hrat——射孔层段厚度和与该层段有关的裂缝高度比值；

　　　H_m——压裂液柱高度，m；

　　　ρ_m——压裂液密度，g/cm³。

用同样方法可以得到射孔层段下部压力差 Δp_d，从而得到压差：$\Delta p = \mathrm{Min}$（Δp_u，Δp_d）。

如果 $\Delta p > n \times \nabla p$，则压力增量（显示压裂缝高度）$\Delta p_s = 0$，即不产生纵向延伸裂缝；如果，$\Delta p < n \times \nabla p$ 则 $\Delta p_s = n \times \nabla p$，即产生纵向延伸裂缝。其中，$\nabla p$ 为给定的压力增量，n 为给定的步长数。

由前述的工区地应力计算公式优选可知，采用黄氏模型计算最小水平主应力效果较好。为了说明岩石脆性特征与压裂缝高度的关系，通过理论公式变换，推导出了脆性系数与最小水平主应力的关系。

将杨氏模量 E、泊松比 PR 与剪切模量 G 的关系式 $E = 2G$（1+PR）代入脆性系数 BI = 50 [（E-1)/(9-1) +（0.4-PR)/(0.4-0.1)]] 的计算公式，经过整理变换得出岩石泊松比与脆性系数（%）和剪切模量（10^4MPa）的关系为：

$$\mathrm{PR} = \frac{66.67 - \mathrm{BI} + 12.5G}{166.67 - 12.5G} \tag{4-20}$$

将式（4-20）代入计算地应力的黄氏模型，得到 σ_h 与 BI 的关系式：

$$\sigma_h = \left(\frac{66.67 - \mathrm{BI} + 12.5G}{100 + \mathrm{BI} - 25G} + \beta_1\right)(\sigma_v - \alpha p_p) + \alpha p_p$$
$$\sigma_h = \left(\frac{66.67 - \mathrm{BI} + 12.5G}{100 + \mathrm{BI} - 25G} + \beta_2\right)(\sigma_v - \alpha p_p) + \alpha p_p \tag{4-21}$$

利用式（4-21）计算出最小水平地应力之后，可用 Iverson 模型预测压裂缝高度。从式（4-21）中可以看出，随着脆性系数的增大，最小水平地应力变小，破裂压力也随之降低，地层更易被压开。因此，根据测井计算的脆性系数、地应力和破裂压力三参数的纵向变化特征，定性和定量地预测压裂缝的上下延伸方向及高度。

图 4-31a 是 G295 井长 7 段压裂缝高度预测成果图，该井射孔层段为 2649.0～2652.0m、2655.0～2658.0m、2662.0～2665.0m，加陶粒砂 22.0m³，排量 5.0m³/min，日产油 20.49t。通过计算可知该井射孔段上部脆性系数为 28.0%，下部脆性系数为 37.9%，裂缝向下延伸可能性较大，以 0.4MPa 为加压步长，加压 8 次，裂缝上延至 2639.125m，下延至 2681.375m，预测缝高 42.25m。图 4-31b 是偶极横波成像测井压裂裂缝检测成果图，综合能量差、时差各向异性、平均各向异性及各向异性成像图，可知压裂裂缝上延至 2637.0m，下延至 2681.0m，检测缝高为 0～44m，与预测结果基本一致。综合比对结果，可以看出利用上述方法进行压裂缝高度预测是有效可行的，能够为下一步的压裂施工提供技术支持。

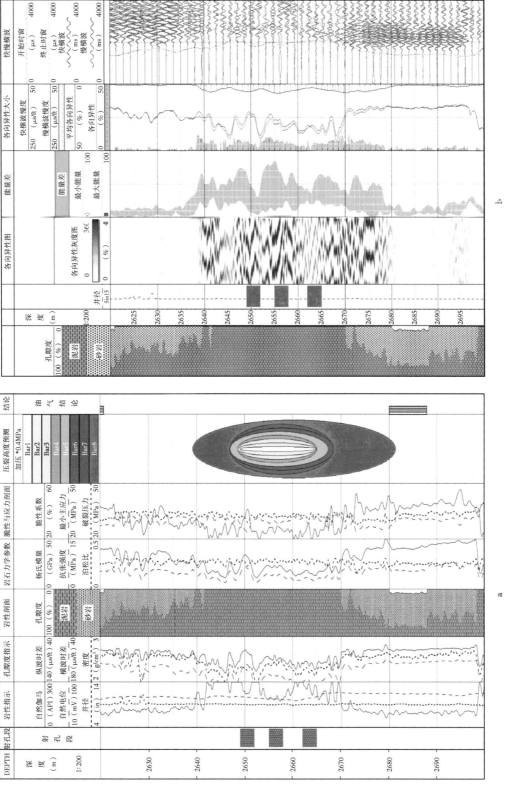

图 4-31 G295 井长 7 段压裂缝高度预测及压裂效果检测

第五章　低渗透致密油藏富集区测井评价

测井富集区多井评价是以储层和油藏为主要研究对象，以岩心资料和测试资料为主要依据，在关键井解释模型研究、单井精细处理解释技术的基础上进一步发展完善而形成的一套规范化的油气田多井测井解释评价方法，它充分利用测井资料的高分辨率、连续测量的优势，对储层的岩性、物性、含油气性等油藏内部地质特征及其空间和平面分布规律进行精细描述和研究。富集区测井评价是油藏描述中的一项重要工作，从20世纪70年代末开始兴起，它使得测井信息得到更加充分的应用，并与石油地质等学科研究成果有机结合，将单井的储层油气层结论与认识拓展成为面上的区域性成果。从多学科的角度对油气藏进行精细解剖，对于低渗透致密油藏的高效勘探和开发具有重要意义，特别是指导滚动勘探、大规模开发和二次采油更具有特殊意义。

如第一章所述，鄂尔多斯盆地中生界油藏源储配置不同，不同层系、不同区带油藏的富集主控因素、储层特征、含油特征、油水关系和油藏规模等均存在差异。那么针对不同的油藏类型（低充注构造—岩性油藏、中等充注岩性油藏、高充注岩性油藏）富集区测井评价方法也必然不同。本章以鄂尔多斯盆地延安组低渗透油藏、长8超低渗油藏、长7致密油为例，分别阐述高、低充注模式下的油藏富集区测井多井评价。

第一节　延安组低充注构造—岩性油藏富集区测井评价

一、延安组成藏主控因素分析

勘探实践证实，鄂尔多斯盆地侏罗系富县、延10油藏属古地貌控制的岩性—构造油藏，油气富集与前侏罗系古地貌、油气运移条件、延长组侵蚀面及延安组顶面构造、沉积相带、地下水交替对油藏的破坏作用等因素密切相关。

盆地构造演化研究表明，现今的西倾单斜构造面貌形成于白垩纪，是各期燕山运动的结果，而延长组的油气成熟、运移始于白垩纪中—晚期（燕山运动中期），晚于构造运动或与构造运动同步，这种构造与油气运移的时空配置关系最有利于延安组古地貌油藏的形成。如前所述，现有的油田（藏）和出油井均与这些鼻隆构造密切相关。在地层平缓、层序正常、缺乏背斜的地质条件下，延长组生成的石油必然沿因岩性变化所形成的隔层天窗而上窜。当自生自储的延长组含油岩系被印支期古河道侵蚀切割时，所形成的不同等级的古河道便成为压力释放带而形成次生的石油运移网络，为上覆侏罗系提供油气源流。

1. 前侏罗系古地貌与石油成藏

前侏罗系古地貌是延安组油藏成藏的主要控制因素，古地貌斜坡带上的坡嘴及河谷中的河间丘是主要成藏单元（图5-1）。古地貌斜坡带之所以成为油气聚集带是因为它处于油气运移、沉积相带、压实披盖构造、地下水流动交替等因素最有利于成藏的地带。所以恢复古水系、重塑古地貌是找油的关键。

图 5-1　陇东地区延安组工业油流井和古地貌叠合示意图

2. 前侏罗系古地貌与石油运移

　　鄂尔多斯盆地中生界生油层及油源研究（陈安定，1989；张文正等，2001）表明，侏罗系延安组和三叠系延长组的油源均来自延长组长 7 油层组的湖相暗色泥岩、油页岩。古地貌斜坡带邻近沟通延长组油源的深切古河谷。在捕获油气方面具有"近水楼台"的先天优势，油气沿河道和古河不整合面向上运移，它们可优先捕获油气。通过镇北地区侏罗系沉积相对比剖面可以看出，沿古河不整合面向上运移的油气，主要在斜坡处延 10 聚集成藏（图 5-2）。从目前侏罗系的油田和出油井点来看，无一不是叠置在这一生油坳陷之上，古河谷下切沟通了延长组的油源，缩短了纵向上油气运移的距离，同时河谷内充填的砂砾岩可作为油气运移的输导层，油气沿斜坡向上运移，如遇到良好的圈闭即可富集成藏。

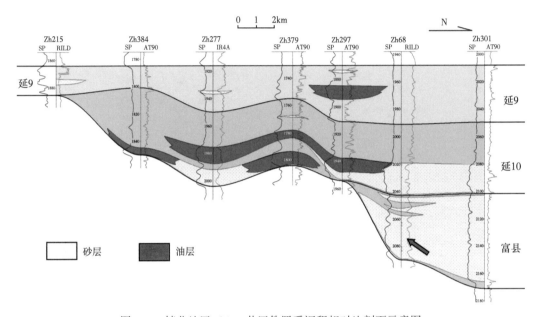

图 5-2　镇北地区 Zh277 井区侏罗系沉积相对比剖面示意图

3. 前侏罗系古地貌与石油储集

陇东地区延安组沉积相研究表明，分布于古地貌斜坡带的河流边滩相砂体和河谷内的心滩砂体是最有利的储集体（图 5-3、图 5-4）。主河床内滞留亚相砂体是河流相中最粗的部分，主要为一套灰白色的含砾粗砂岩（滞留砾岩）及中粗砂岩具多旋回的粗型沉积，砂岩分选差—中等，粒径为 0.4~0.6mm，最大可达 14mm，磨圆度为次棱状—次圆状。该相带虽然厚度大，但岩性变化大，孔隙度低（<14%），渗透性差（<5mD），储层非均质性强，该相带内很少发现有价值的油藏。而边滩、心滩亚相沿主河道和支河道近岸分布，是一套以中粗和中细砂岩为主的粗型沉积，分选明显较河床滞留亚相要好，粒度适中，储层非均质性减弱，储层渗透率增加一个甚至两个数量级，平均值大于 30mD，有的样品渗透率高达 1000mD，孔隙度增高 3% 左右。如此好的渗透性决定了该亚相成为油气富集的最有利相带。

4. 前侏罗系古地貌与含油圈闭

如前所述，现有的油田（藏）和出油井点均与这些鼻隆构造密切相关。构造高点与古地貌高地形的变化趋势相同，构造分析与古地貌恢复重建在延安组油藏的勘探过程中相辅相成、相互印证，缺一不可。

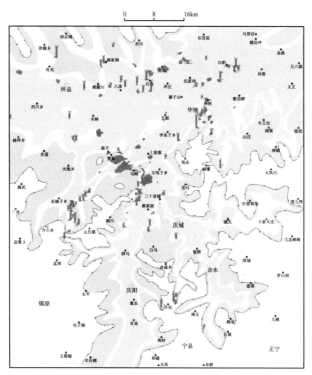

图 5-3 陇东地区侏罗系延 10 沉积相示意图

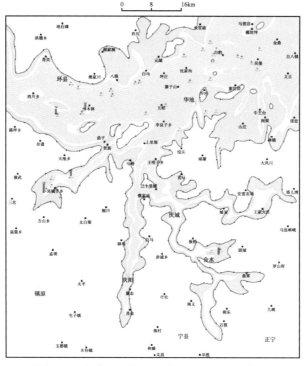

图 5-4 陇东地区侏罗系富县组沉积相示意图

二、古地貌精细刻画

从上述成藏主控因素分析结果来看，前侏罗系古地貌对延安组油藏分布均有着重要的控制作用，因此精细刻画前侏罗系古地貌对延安组油藏预测有着重要意义。随着盆地新资料（钻井、地震）的不断补充和新技术（地震解释技术、测井及录井新技术）的发展，综合利用地震资料、测井资料、地质综合分析来精细刻画前侏罗系古地貌成为可能。

1. 应用地震勘探技术，快速确定古河谷展布

陇东地区延6、延7、延9顶具明显的标志层，通过这些标志层合成地震记录剖面，在井资料稀少的部位，通过地震剖面解释，细致追踪解释侵蚀界面。侏罗系延10+富县为充填沉积，至延9沉积期，前侏罗系古地貌的沟谷已基本被填平补齐，因此，在地震反射剖面上经合成记录标定进行井震结合以后，以延9顶部反射层进行层拉平，其下侏罗系底反射层的起伏形态基本反映了前侏罗系古地形特征；另外侏罗系底反射层和延9顶部反射层之间的时差也可反映古地貌特征，如在古河谷处侏罗系底反射层和延9顶部反射层之间的时差大，而在古地形的台地区，侏罗系底反射层和延9顶部反射层之间的时差小，据此也可恢复前侏罗系古地貌；此外，在古河谷中河道充填沉积发育，多期河道互相冲刷切割叠置，其地震反射具有杂乱反射的特征，可据地震反射特征预测古地貌。

2. 测录井技术相结合，综合分析古侵蚀面特征

三叠系延长组与侏罗系之间的古侵蚀面是构造旋回划分和地层单元划分的重要依据，该古侵蚀面是受印支期构造运动主幕的影响，三叠纪末盆地整体抬升遭受剥蚀而形成。研究表明，古侵蚀面是油气运移的有效通道，很大程度上控制了油气的分布，因此，确定古侵蚀面的位置具有重要的地质意义。由于三叠系延长组与侏罗系之间存在物源区、古水系分布、岩性以及后期成岩差异等方面的显著不同，因此利用地质录井及测井资料可以准确确定古侵蚀面位置。

分析录井资料的差异性变化，是确定古侵蚀面位置一种直观、有效的识别途径。（1）三叠系延长组和侏罗系之间存在明显的岩性差异。延长组主要以灰绿色长石砂岩为主，岩屑长石砂岩次之；侏罗系富县组以长石岩屑石英砂岩、岩屑石英砂岩为主，石英含量明显增高。（2）三叠系延长组和侏罗系之间存在明显粒度差异。延长组主要以细粒砂岩为主，侏罗系多以中粒为主，细粒次之。（3）三叠系延长组和侏罗系之间存在明显成岩差异。由于碎屑颗粒及杂基类型的差异，延长组较之侏罗系遭受压实程度较高，胶结物含量亦较高，砂岩相对较为致密，储层物性较差。（4）侵蚀面附近存在风化壳、古土壤等，也是确定古侵蚀面的标志之一。

测井资料确定侵蚀面主要应用于缺乏取心资料，或岩屑录井不易区分的地区。侵蚀面上覆和下伏地层的物质组成、地层压实和成岩差异等因素形成的地质突变现象，均可在测井资料中得到反映，出现曲线的突变现象。通过测井相分析沉积事件，利用泥岩声波测井资料分析地层压实和成岩作用的差异、测井解释岩性组合、侏罗系与延长组砂岩之间自然伽马值的明显差异、利用对残余沉积韵律的识别和地层对比技术判断不整合面上的剥蚀事件等。实际应用表明，利用测井地质分析方法可以有效识别不整合面。

利用测井资料进行精细砂层和地层对比，统计砂岩等厚图、地层等厚图中等厚线的变化趋势，也可以指示地形变化趋势。地层厚度小的地方正好是古地形的较高处（图5-5），而在延 10+富县组砂层等厚图上沉积最厚的地方往往就是古河谷的位置（图 5-6）。根据砂岩等厚图、地层等厚图中等厚线的变化趋势，也可以指示地形变化趋势。一般来讲，等厚线向上游方向有不断变窄的趋势，越向下游则越宽（尤其是 0 等厚线及低值等厚线），说明在上游的地势陡，下游的地势则相对要缓一些。支流与主流间交汇的锐角指向一般朝下游方向。

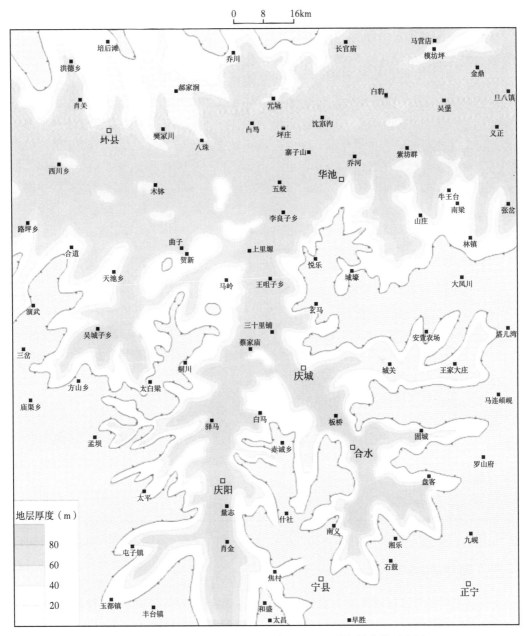

图 5-5　陇东地区侏罗系延 10—富县组地层厚度等值线示意图

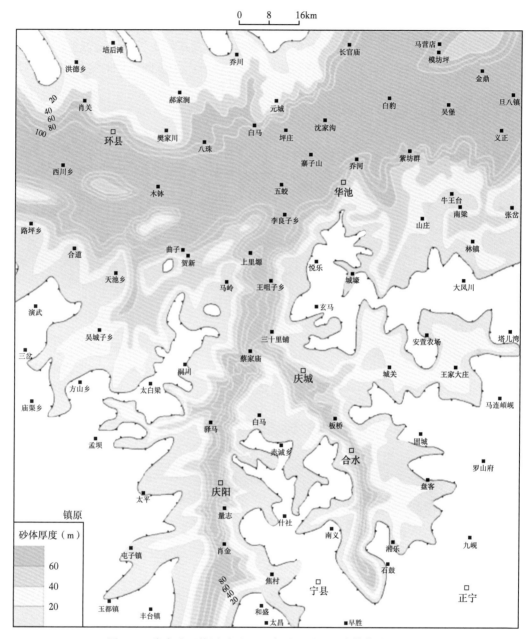

图 5-6　陇东地区侏罗系延 10—富县组砂层厚度等值线示意图

三、测井多井评价

延安组主要发育低幅度构造—岩性油藏，在古地貌精细刻画和单井上储层参数和流体性质精准识别的基础上，针对具体的开发区，通过精细小层对比（图 5-7）、精细渗砂顶构造对比和精细井间电性特征对比，强化面向油藏的测井多井精细解释。

通过精细渗砂层对比确定油柱高度，结合压汞实验毛细管压力曲线，分析解释层位在交会图版中和在油藏中的位置，依据低幅度油藏中饱和度分布规律可以对油水层进行综合

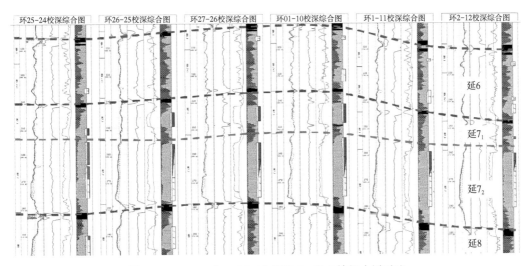

图 5-7　H04-5 井—H6-14 井延 6—延 8 精细小层对比

识别（图 5-8）。在同一构造—岩性油藏中，渗砂岩顶面高的井产油气，渗砂岩顶面低的井产水，相对高差越大，油水分异越显著。

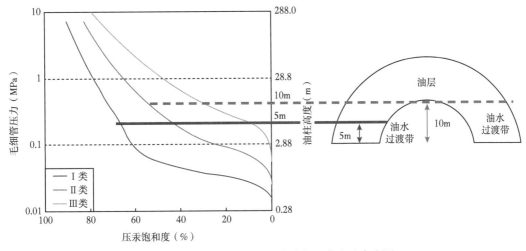

图 5-8　侏罗系毛细管压力曲线与油藏含油高度图

图 5-8 是元城地区 X 井区延 10 油藏为典型的低幅度构造油藏，提交探明储量时面积圈定采用平均油层底界海拔-90m。通过对比井区构造等情况，精准将怀 48-35 井和怀 49-35 井底部原解释结论油水层改为水层，为后续开发"甜点"区范围圈定提供了有力支撑。

四、富集区优选

鄂尔多斯盆地延安组多年勘探实践证实，古地貌油藏形成条件十分复杂，除了油源、圈闭等基本成藏条件外，油气运移通道，上覆地层沉积环境、储集砂体形态分布特征都是不容忽视的因素。依据已探明油藏空间分布，结合地貌形态、上覆层沉积环境、砂体展布、运移通道类型等多种因素总结出陇东地区古地貌油藏四种成藏模式。斜坡式油藏富县

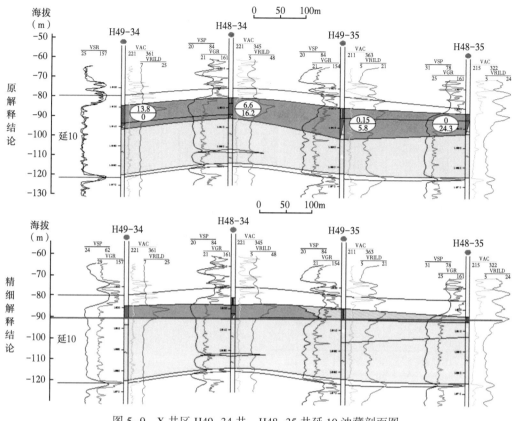

图 5-9　X 井区 H49-34 井—H48-35 井延 10 油藏剖面图

组、延 10、延 9 和延 8 层位均可聚集成藏；河间丘式和古河式油藏的聚集层位为富县组、延 10；高地式油藏的聚集层位为延 9 和延 8。

　　同时利用新的测井技术，对老井含油性进行重新解释，精细刻画油水分布范围，挖掘出新的勘探目标，也是不断扩大延安组勘探成果、优选勘探富集区的重要环节。

第二节　源储接触高充注岩性油藏富集区测井评价

　　鄂尔多斯盆地姬塬地区延长组长 8_1 特低渗透油藏平面上大面积分布，由多个砂带组成，但含油面积内储层的物性、含油性等非均质程度强，油藏评价难度大，仅根据构造、沉积等储层地质特征很难精细评价特低渗透油藏的富集规律。根据鄂尔多斯盆地中生界长 6—8 油藏大井组开发、快节奏上产的要求，测井工作需对相对优质储层及含油气富集区进行评价和筛选以规避潜在的地质风险，进一步加快勘探开发进程，提高整体效益。因此，含油富集区的测井评价成为大面积连续性岩性油藏评价中急需解决的难题。

　　富集区优选是一项地质与地球物理等多学科相结合的综合研究工作，涉及面广，难度大，长期以来一直是地质工作者研究的主要内容。由于测井资料具有纵向分辨率高、连续性好、横向上可对比的特点，其中必然蕴含了大量反映地层岩性、物性、含油性、非均质性及与地层沉积旋回变化等方面的信息。通过不同方法和途径研究特低渗透储层含油富集程度和烃源岩有机质丰度测井表征方法，利用多井评价技术分析不同砂带的物性、含油性特征差异以及油藏控制因素，实现基于测井方法的多学科结合岩性油藏精细目标评价，为油气勘探开发富集区的优选提供依据。

一、长8低渗透致密油藏富集区主控因素

姬塬油田位于鄂尔多斯盆地伊陕斜坡的中西部，延长组下部大型生烃坳陷是姬塬地区三角洲油藏形成的物质基础，三角洲砂体发育区是油气富集的主要场所，相带变化是形成圈闭的重要条件。据姬塬地区长8已有的勘探成果，依据该区的烃源岩以及长7、长8流体势分布特征、长8沉积微相分析成果，综合分析认为，姬塬地区长8油藏总体上具有近源上生下储源储接触成藏的特点，油藏富集程度主要表现为优质烃源岩+优势岩相+成藏动力的良好配置。

1. 烃源岩条件

姬塬地区西南部位于有效烃源岩生烃强度较大区域，其中耿73—罗24井区位于区内生烃最强部位，生烃强度大于 $500 \times 10^4 t/km^2$，无疑为本区长8成藏提供了得天独厚物质的条件。

鄂尔多斯盆地中生界有效生油岩分布面积约 $10 \times 10^4 km^2$，生油岩体积 $2 \times 10^4 km^3$，有机碳含量为 0.81%～3.02%，氯仿沥青"A"含量为 0.08%～0.34%，总烃含量为 145～2300mg/L，长7油页岩干酪根组分以无定形脂体为主，见有少量的刺球藻和孢子。利用盆地模拟方法计算，总生油量为 $1996 \times 10^8 t$，每立方千米的生油量为 $998 \times 10^4 t$。其中总排烃量为 $845 \times 10^8 t$，总资源量为 $85.88 \times 10^8 t$。

长7油层组为延长组主力生油岩，从长7镜煤反射率平面分布特征分析，湖盆中部烃源岩已达到成熟阶段，镜煤反射率为 0.8%～1.0%，高阻泥岩厚度大，分布稳定，一般为 30～50m，且具有很高的生烃强度。

2. 运移成藏动力条件

姬塬地区延长组长8以发育三角洲分流河道砂体为主，紧邻长7烃源岩的长8_1砂体渗透率均值为0.61mD，属于超低渗透储层，长8三角洲平原和前缘的沉积类型多样，砂体交错纵横，在横向上岩性多变，非均质性较强，因而通常情况下石油是难以进行垂向、横向运移的。姬塬地区延长组长7烃源岩中普遍存在异常高压，一方面异常高压是长7烃源岩中石油排出的主要动力，另一方面它引起上覆油层组水动力场的变化，是造成上覆延长组石油二次运移的关键驱动力。石油自生油层进入储层后发生顺层和穿层运移，在地层异常压力控制下石油的侧向运移和垂向运移是同时进行的。这样长7生成的原油有足够的动力向下部的长8储层运移并成藏。

石油运移方向主要取决于某一方向的过剩压力梯度与渗透性砂体的横向联通程度。延长组纵向地层过剩压力梯度远大于横向梯度，且在垂直裂缝发育地带的低渗透地层中纵向渗透率远远大于横向顺层渗透率，因此石油在垂直裂缝发育带中主要做垂向运移。异常高压地层在瞬时外力强烈作用时可能导致更强烈的瞬间高压并引发水力破裂，在延长组长8特低渗地层中形成由砂体和裂缝组成的运移通道，石油能够充注进入储层并聚集成藏。

3. 成藏配置及圈闭条件

姬塬地区晚三叠世沉积发育史的研究表明，湖盆从形成、发展、全盛到萎缩、消亡变

化有序，形成了多套"生、储、盖"组合，构成了油气成藏的基本地质条件。研究区靠近延长组湖盆中心，上覆有大面积分布的长 7 深湖相、半深湖相泥岩，是盆地主要烃源岩。烃源岩层具有厚度大，分布广，有机质丰富，有机质类型好，成熟度高等特点，这为油气的形成提供了丰富的油源。烃源岩之下的长 8$_1$ 砂岩，砂体展布面积较大，分布比较稳定，是油气运移聚集的有利层位。长 8$_1$ 之上大面积湖沼相泥岩，构成了良好的区域性盖层，有利的"生、储、盖"组合为姬塬地区三角洲长 8$_1$ 油藏的形成提供了理想的环境。

姬塬地区长 8$_1$ 油藏主要受三角洲前缘水下分流河道砂体控制，圈闭的形成与砂岩的侧向尖灭及岩性致密遮挡有关。综合研究表明，姬塬地区长 8$_1$ 主砂带随着砂体由北西向南东延伸，沉积相由三角洲平原相演变为三角洲前缘相，由于远离物源区，沉积物粒度变细，泥质含量增加，形成区域性遮挡带；主砂带两侧河道砂岩相变为分流间湾泥质沉积，形成侧向遮挡；纵向上长 7 底部的厚层泥岩构成了良好的区域盖层。因而长 8$_1$ 油藏主要受沉积条件、物性变化控制，油藏类型为岩性油藏。原始驱动类型为弹性溶解气驱，属低压、低渗透油藏。

二、测井属性参数建模

1. 测井参数建模

单井测井解释与精细解释阶段建立的储层参数精细解释模型在多井评价时需要进一步检验。在测井资料标准化的基础上，选取关键井开展岩石物理研究，应用岩心刻度测井方法对取心资料丰富的研究区进行孔隙度和渗透率建模（详见第二章第三节），并在岩电研究的基础上开展含油饱和度模型研究，应用建立的孔隙度、渗透率和含油饱和度模型开展多井处理解释。

2. 储层参数检验

应用前述储层参数模型，在岩心分析结果约束下，应用 Geolog 软件开展多井批处理。处理结果显示，测井计算孔隙度、渗透率与岩心分析结果一致性好，精度可满足储量要求与多井评价要求。如图 5-10 所示，计算结果与取心分析吻合很好。

3. 储层含油富集程度测井表征方法

超低渗透油藏的油气富集成藏受多种因素控制，除烃源岩外，储层发育程度控制着油气富集，应用测井资料可以较好地评价储层物性的好坏以及含油饱和度的高低。通过对油层段产能情况与储层参数之间的关系分析，发现油层产能大小不仅与储层物性相关，还与油层的含油饱和度关系密切，尤其是在高充注区域更是如此。因此，根据储层参数对产能的影响，考虑相渗透率与含油饱和度关系，定义储层含油富集程度测井表征参数（VOIL）为：

$$VOIL = \phi^p S_o^q \tag{5-1}$$

式中 p，q——贡献指数。

如图 5-11 所示，VOIL 镜像充填面积的大小反映了含油富集程度，可以用该参数作为定量判断储层含油饱和程度的依据。通过对该区大量资料处理发现，VOIL 可较好地表征储层的含油富集程度，与油层产能关系密切。

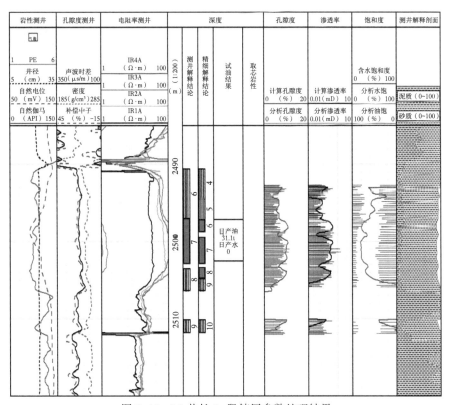

图 5-10　L1 井长 8$_1$ 段储层参数处理结果

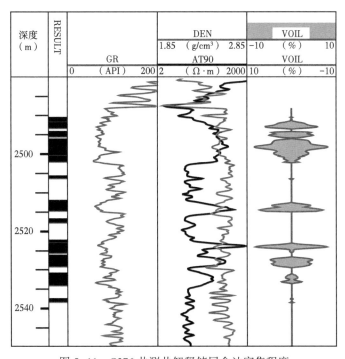

图 5-11　G276 井测井解释储层含油富集程度

对姬塬地区 70 口井 70 个试油层位的统计发现，源储配置关系与产能一致性较好（图 5-12），上部长 7 烃源岩有机碳含量越高，长 8_1 储层含油富集程度越大，则单井日产量越高。据此，可将姬塬地区长 8_1 油层分为两类，TOC 大于 16%、VOIL 大于 4.5 的为 I 类油层，其日产量多数大于 15t；TOC 小于 16%、VOIL 小于 4.5 的为 II 类油层，其日产量多数小于 15t。

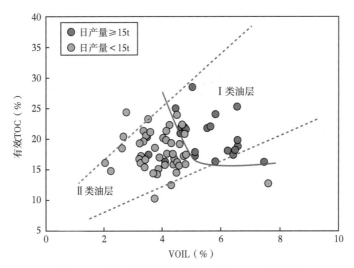

图 5-12　长 8_1 试油层有效 TOC 与 VOIL 关系图

三、测井富集区优选评价

测井富集区的优选是在单井精细解释及小层对比的基础上，通过对含油饱和度分布规律和控制因素的分析，应用测井多井评价技术对超低渗透油藏开展多学科结合研究，建立了超低渗透储层含油富集程度和烃源岩有机质丰度测井表征方法，提出烃源岩生烃能力与储层含油富集程度的有效配置控制了有利富集区的分布。基于源储配置思路，研究了超低渗透油藏的富集规律，并优选出了富集区。

1. 长 8 段小层砂体对比

小层对比原则：在区域标志层的控制下，依据电性测井曲线组合特征，参考地层厚度及局部标志层划出油层组，进而根据沉积旋回、岩性变化划分出小层。

三叠系延长组长 6、长 8 对比的主要标志层为区域标志层 K1、K2 和 K3。其中 K1 标志层位于长 7 油层组底部，为一套湖相油页岩，分布稳定，电性特征表现为高时差、高自然伽马、高电阻、大井径；K2 位于长 6_3 油层底部，K3 位于长 6_2 油层底部，均为凝灰岩或凝灰质泥岩，厚度 1~2m，测井曲线表现为指状高时差、高自然伽马、低电阻率等特征。在区域标志层基础上结合地层厚度和次一级沉积旋回将主要含油层长 8 油组自上而下划分为长 8_1 和长 8_2 两个小层，姬塬地区长 8_1 储层相对发育。

以 H36 井为例，说明小层砂体对比的原则和方法。如图 5-13 所示，依据长 7 烃源岩具有高自然伽马、高电阻率、高声波时差、高中子、低密度的典型特征，很容易识别长 8 储层顶的分界线。长 8 底部通常发育分流间湾亚相，薄层的粉砂与泥岩间互发育，测井曲线呈现锯齿状，并逐渐过渡到长9的水下分流河道砂体，据此特征，可以划分出长8底部的界限。在长8段内部，依据测井曲线箱形、钟形等特征可以反映出不同沉积微相砂体的纵向沉积旋回变化，据此可以进一步将长8砂体细分为长8_1^1砂体、长8_1^2砂体、长8_2^1砂体和长8_2^2砂体。

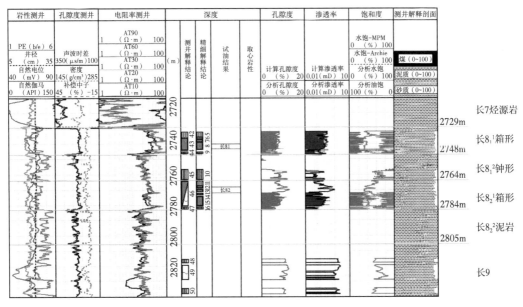

图 5-13　小层砂体划分示意图（以 H36 井为例）

如图 5-14 所示，从沿砂体走向测井小层对比来看，长 8 砂体厚度较稳定，受物性影响，含油性变化较大。

如图 5-15 所示，从垂直砂体走向测井小层对比来看，砂体变化较快。相对于长 8_1^2，长 8_1^1 砂体更为发育。与长 8_1 砂体相比，长 8_2 砂体仅在局部井中较发育。

小层砂体对比为下一步岩性油藏测井评价与对比、展布规律分析等工作奠定了基础。

2. 源储配置关系及对产能的控制作用

研究发现，烃源岩生烃能力与储层含油富集程度的配置关系对单井产能具有明显的控制作用，即源储有效配置关系控制着含油富集区的分布。根据长 8_1 油层组产能预测研究结果，认为影响产能的主要因素为孔隙度和含油饱和度，其次是渗透率（与含油饱和度有关）。储层 VOIL 可较好描述产能的影响因素，与产能关系密切。此外，烃源岩生烃能力越强，同等物性条件下储层的含油充注程度则越高，即含油饱和度越高。如图 5-16 所示，烃源岩有机碳含量越高（电阻率与密度曲线叠合的包络面积越大），储层物性与含油饱和度越高，即储层含油富集程度越高（VOIL 包络面积越大），单井产能则越高，反之，单井产能则越低。若烃源岩有机碳含量较高、储层物性较差，或者储层物性较好、烃源岩有机碳含量较低，单井产量则适中。

对姬塬地区多个试油层的统计发现，源储配置关系与产能一致性较好，上部长 7 烃源岩有机碳含量越高，长 8 油层组储层含油富集程度就越大，单井日产量则越高。

利用上述方法对研究区大量井资料进行了源储精细测井评价及源储配置关系分析，提

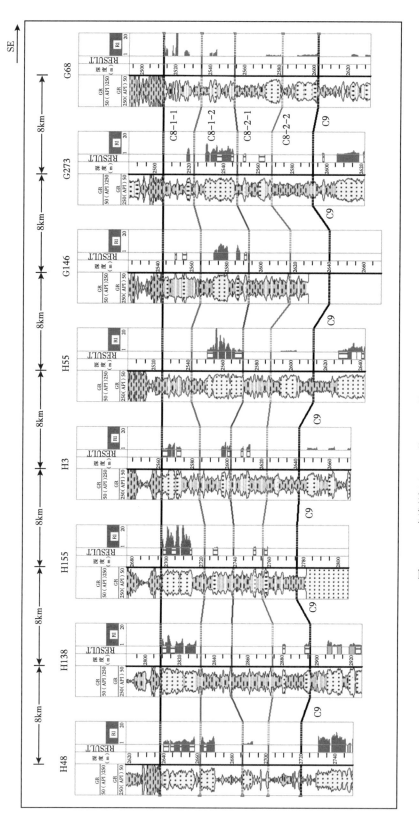

图 5-14　姬塬地区 H48 井—G68 井延长组长 8 测井小层对比图

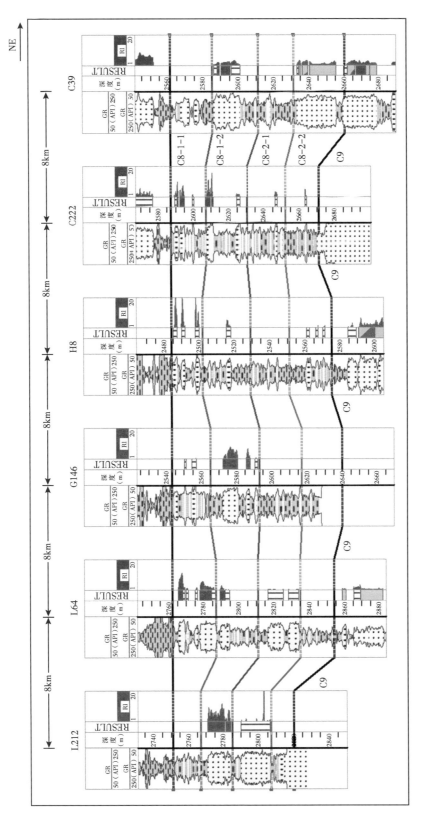

图 5-15   姬塬地区 L212 井—C39 井延长组长 8 测井小层对比图

出了应用源储配置综合评价含油富集区的思路和方法，即储层品质（Reservoir Quality，简称 RQ）和烃源岩品质（Source Rock Quality，简称 SQ），其评价原理可简化如下：

$$RQ \times SQ = 高产井$$
$$RQ \times \sim SQ = 中等产能井$$
$$\sim RQ \times SQ = 中等产能井$$
$$\sim RQ \times \sim SQ = 低产井$$

式中　RQ，SQ——分别表示好储层和好烃源岩；

　　　～RQ，～SQ——分别表示差储层和差烃源岩。

高产井产能大于 15t/d，中等产能井产能为 5~15t/d，低产井产能小于 5t/d。需要特别说明的是，当储层品质较好，上部烃源岩品质较差时，该层可能为高产油层，也可能为中等产能油层。这是因为若其邻井发育较好烃源岩时也可通过侧向运移至该井储层中。因此，在利用源储配置关系评价有利储集体及对单井产能进行预测时，需要综合考虑多种影响因素，尤其是各参数的平面分布规律。

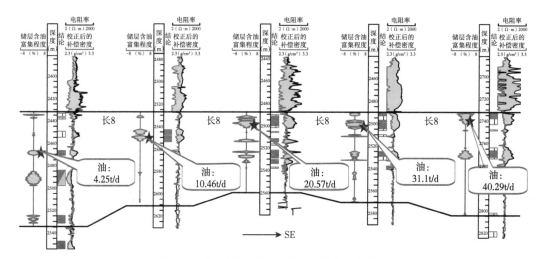

图 5-16　长 8 油层组源储配置与单井产能关系

3. 富集区综合评价与优选

姬塬地区长 7 烃源岩位于长 8 储层的上方，为上生下储型。通过对姬塬地区长 7 烃源岩分布特征和长 8 油层分布主控因素分析，认为烃源岩生烃能力与储层含油富集程度的有效配置控制了有利富集区分布，测井多井评价可快速优选大型岩性油藏富集区，降低建产风险。

应用前述方法对姬塬地区长 7 烃源岩和长 8 储层含油富集程度进行评价，分别计算并绘制了长 7 烃源岩 TOC 平面分布图与长 8 储层测井综合评价富集程度平面分布图，将两者叠合，根据源储配置关系来综合评价优选富集区和潜力区，可有效指导岩性油气藏的评价和开发建产。

利用电阻率—孔隙度叠合方法对姬塬地区长 7 烃源岩 TOC 进行了多井定量评价（TOC 分为 4 个等级），并绘制了 TOC 平面分布图，如图 5-17 所示，姬塬地区中心部位烃源岩生烃能力最强, 向边部, TOC 逐渐减小, 生烃能力逐渐减弱。

利用 VOIL 对长 8 储层含油富集程度进行了表征和多井评价, 并绘制了 VOIL 平面分布图 (图 5-18), 含油富集程度共分为 3 个等级, VOIL 大于 5% 的为较好油层分布区, 储层一般为块状砂体, 厚度大 (一般大于 20m), 岩性纯 (GR 低值), 物性好, 测井解释含油饱和度较高 (大于 60%), 试油高产井多位于该区。如图 5-18 所示, 在主砂体的中心部位, 储层含油富集程度相对较高, 而在砂体的边部, 储层含油富集程度相对要差一些。

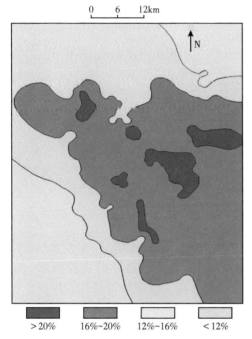

图 5-17 长 7 烃源岩测井计算 TOC 平面分布

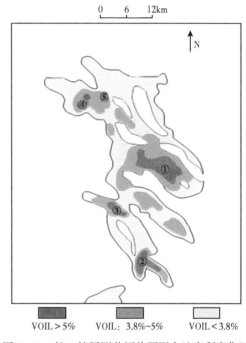

图 5-18 长 8 储层测井评价预测含油有利富集区

应用 TOC 平面分布图与 VOIL 平面分布图叠合, 综合分析储层含油富集程度的好坏与其上烃源岩 TOC 的高低, 通过源储配置关系的分析, 优选出了 5 个有利富集区 (图 5-18, VOIL 均大于 5%), 数字序号①至⑤为对富集区优选后的排序, ①区为最好的富集区, 与油田开发方案提出的富集区有很好的一致性, 部分有利区已经得到开发建产证实。

第三节 源内高充注致密油藏富集区测井评价

湖盆中部延长组长 7 源内致密油一般均具有大面积连续分布的特征, 但往往资源丰度低, 单井一般无自然产能或自然产能低, 局部存在富集的"甜点"区。"甜点"的发育主要取决于致密油形成的构造背景、烃源岩、储层发育特征与裂缝、油气运移通道、异常压力等因素。致密储层的"甜点"可以分为地质"甜点"和工程"甜点"两类。地质"甜点"主要指储集性能相对变好, 紧邻优质烃源岩、保存条件好与埋藏深度适中等较好背景下的储集体; 工程"甜点"指储层发育区的地应力非均质性弱、岩石脆性大、可压裂性强的储集体。鄂尔多斯盆地陇东地区长 7 致密砂岩储层紧邻烃源岩, 源储组合好。通过对该区致密砂岩油层影响因素综合分析和测井解释评价，"甜点"分布主要受储层品质（物性、厚度和砂体结构等）、烃源岩品质（烃源岩有机碳含量）、完井品质（脆性指数）等因素控制。

一、致密油"甜点"测井评价思路

致密油气具有近源成藏和源储共生的特点，根据其成藏过程（图5-19）可知，致密油气分布的测井评价包括对烃源岩丰度的评价、储层品质的评价以及运移通道的评价等方面。致密油气由于均采用压裂才能获得工业油气流，因此，完井品质（脆性指数）测井评价也是一项重要研究内容。

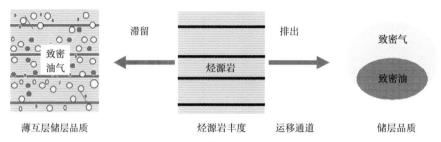

图5-19 致密油气成藏过程与"甜点"评价要素

根据研究区的致密油特点，确定"甜点"测井评价的研究思路为：在岩石物理研究和致密油"三品质"测井评价思路指导下，分析该区致密油"甜点"的主控因素，构建"甜点"测井表征的关键参数（本书选取烃源岩有机碳含量、储层砂体结构、储层含油非均质性、储层脆性指数等），并进行多井对比评价，分析各主要参数的横向分布规律，通过源储配置关系分析和综合评价，优选"甜点"分布区。

二、致密油"甜点"分布测井评价

前述已对各参数的测井评价方法进行了详细描述。根据"甜点"优选测井表征的关键参数计算方法，对庄230井区27口关键井进行了测井处理解释，并制作相应的平面分布图。

长7段致密油为近源成藏，多井对比表明，烃源岩对致密油分布具有较好的控制作用（图5-20），且烃源岩与储层配置关系对单井产能具有较好控制作用。烃源岩有机碳含量越高（图5-20中灰色充填部分），储层物性与含油饱和度越高，即储层含油富集程度越高，则单井产能就越高。反之，若烃源岩有机碳含量越低，储层物性越差，含油饱和度越低，则单井产能就越低。若烃源岩有机碳含量较高，但储层物性较差，或储层物性较好，但烃源岩有机碳含量较低，则单井产量适中。致密油单井产能与储层砂体结构和含油非均质性关系密切（见第四章第四节）。

整体上，湖盆中部烃源岩厚度大，储层厚度大，含油性较好，源储配置关系有利。

如图5-21至图5-23所示，Z53—Z143—Z188—Z230井区烃源岩品质较好，有机碳含量高。

对烃源岩 TOC×H 平面分布图划分为三个等级，如图5-24所示，颜色越深表明烃源岩

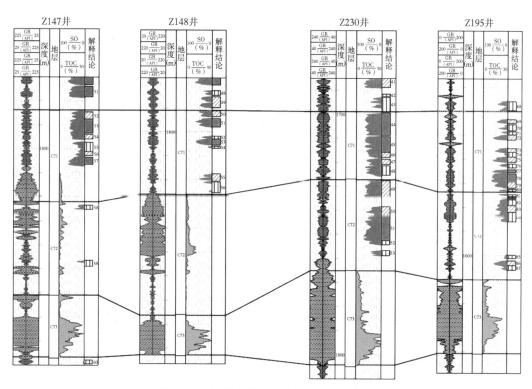

图 5-20　测井多井对比源储配置关系分析

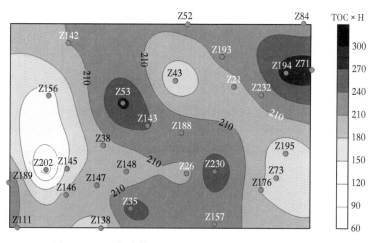

图 5-21　测井计算的 I 类烃源岩 TOC×H 平面分布图

TOC×H 越高，烃源岩品质越好。Z230 井区中心部位烃源岩生烃能力最强，Z156—Z202 井区 TOC×H 较低，烃源岩品质变差。

如图 5-25 所示，根据测井计算结果，将储层砂体结构划分为四个等级，图中颜色越深表明储层砂体结构越好，块状砂岩发育，颜色越浅表明储层砂体结构越差，互层状砂体发育。Z38—Z143—Z21 井区块状砂体发育，而 Z53、Z52、Z73、Z146 等井附近主要发育薄层或者互层状砂体。

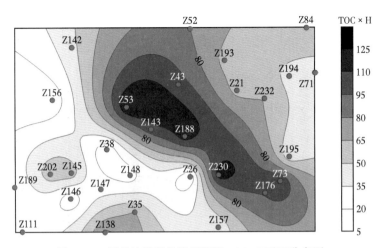

图 5-22　测井计算的Ⅱ类烃源岩 TOC×*H* 平面分布图

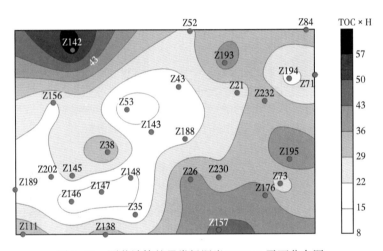

图 5-23　测井计算的Ⅲ类烃源岩 TOC×*H* 平面分布图

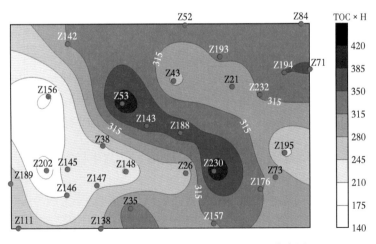

图 5-24　测井计算的烃源岩 TOC×*H* 平面分布图

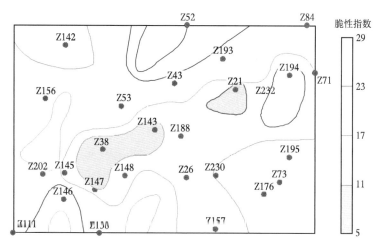

图 5-25　测井计算储层砂体结构平面分布图

如图 5-26 所示，根据测井计算结果，将储层含油非均质性划分为四个等级，颜色越深表明储层含油非均质性越好，油层越均质，厚度越大，颜色越浅表明储层含油非均质性越强，厚度相对较小。Z230—Z188—Z143 井区油层均质，含油性好，厚度大，而 Z142、Z53、Z194、Z195 等井附近含油性较差，油层厚度相对较薄。

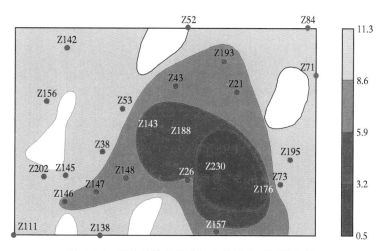

图 5-26　测井计算储层含油非均质性平面分布图

如图 5-27 所示，根据测井计算结果，将储层脆性指数划分为四个等级，颜色越深表明储层脆性越好，颜色越浅表明储层脆性越差。Z21—Z176—Z230 井区、Z38—Z147 井区储层脆性较好，而 Z52、Z53、Z156、Z35 等井附近储层脆性较差。

结合烃源岩有机碳含量、储层砂体结构、含油非均质性和脆性指数等关键参数平面分布情况，综合优选 Z230 井区的"甜点"分布情况，如图 5-28 所示，为致密油开发建产提供参考和技术支持。

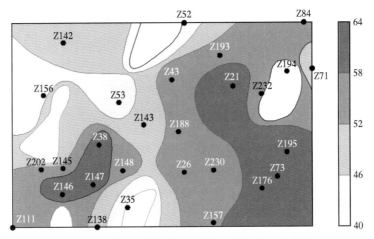

图 5-27　测井计算储层岩石脆性指数平面分布图

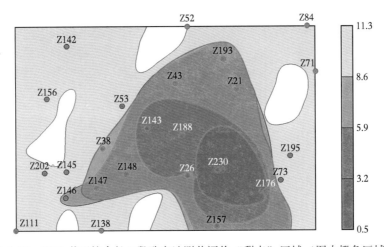

图 5-28　Z230 井区综合长 7 段致密油测井评价"甜点"区域（图中橙色区域）

三、致密油属性参数三维地质建模及"甜点"区优选

储层三维地质建模是近些年发展起来的高新技术。它的目的是通过在油气勘探和开发过程中取得的地震、测井、钻井等方面的资料，对储层定量描述和预测储层在横向上的连续性或空间展布特征，表征储层参数和流体性质三维空间分布。与目前现场广泛采用的勘探阶段和开发准备阶段油藏描述的重大差别在于要求建立全定量化的三维储层地质模型，即所描述的储层特征应尽可能以一定量的参数形式加以表述，易于成像，并且应以三维可视化为最终目标。

根据目前的技术水平和资料条件，主要借助于地质知识库、测井、测试资料开展属性参数（含油性、烃源岩、脆性等敏感参数）构建，利用 Petrel 软件开展确定性储层参数建模技术，通过克里金插值对储层属性参数进行预测，并把结果和其他的插值方法得到的结果进行比较和分析，得到合理的储层属性参数的三维空间展布，为富集区优选提供依据。

1. 储层三维地质建模方法原理

储层地质建模技术是油田开发生产和研究工作的基础，是油藏描述的最终成果。该项技术是油藏模拟和油藏工程计算及工作的主要地质依据，为油藏评价和各开发阶段制定各种方案服务，是近年来国内外储层建模技术研究的一个热点。

油藏地质模型的核心问题是如何通过井间储层预测建立精细的三维储层地质模型，即储层属性的三维分布模型。目前国内外储层建模的方法有确定性建模和随机建模两种。

1) 确定性建模方法

确定性建模是对井间未知区域给出确定性的预测结果，即试图从具有确定性资料的控制点（如井点）出发，推测出井间确定的、唯一的储层参数。通常所用的线性插值、距离平方反比加权平均、克里金方法、地震储层预测都属于确定性建模方法。确定性建模所应用的主要储层预测方法有两种：

（1）储层沉积学方法，即传统的井间对比与插值方法。储层结构主要通过井间对比来完成，井间砂体对比是借助于地质知识库、地球物理、测试资料和沉积模式及单井相分析进行的，井间储层参数主要通过井间插值来完成。井间插值分为传统的统计学插值和地质统计学插值。传统的统计学插值只考虑观测点与待估点之间的距离，而不考虑地质规律所造成的储层参数在空间上的相关性，精度较低；地质统计学插值主要采用克里金方法，应用变异函数和协方差函数来研究在空间上既有随机性又有相关性的变量，即区域化变量。克里金方法是一种光滑的内插方法，实际上是特殊的加权平均法。它难于表征井间参数的细微变化和离散性，但比传统的数理统计方法更能反映客观地质规律。

（2）储层地震学方法，主要是应用地震资料研究储层的几何形态、岩性及参数分布，即从已知井点出发，应用地震横向预测技术进行井间参数预测，并建立三维储层地质模型。目前该方法主要有以下两种。

①三维地震方法。应用具有覆盖面广，横向采集密度大的三维地震资料，如层速度、波阻抗、振幅等地震属性参数，结合井资料和 VSP 资料，可在油藏评价阶段建立储层地质模型，主要确定地层格架、断层特征、砂体的宏观格架及储层参数的宏观展布。

②井间地震方法。由于井间地震方法采用了井下震源及邻井多道接收而有较高的信噪比，增加了地震信息的分辨率，利用地震波的初至可准确地重建速度场，从而大大提高了井间储层参数的解释精度。然而，在资料不完善以及储层结构空间配置和储层参数空间变化比较复杂的情况下，人们难于掌握任一尺度下储层确定的且真实的特征或性质，也就是说，在确定性模型中存在着一定的不确定性。

2) 随机建模方法

随机建模方法指以已知的信息为基础，以随机函数为理论，应用随机模拟的方法，产生多个可选的、等概率的、高精度的油藏地质模型的方法。这种方法承认控制点以外的油藏参数有一定的不确定性，即具有一定的随机性，因此采用随机建模方法所建立的储层模型不是一个，而是多个，即一定范围内的多种可能实现，为选择更加适合地质体真实的模型提供了大量等概率、忠实于原始数据的模型（在所有可能的模型中，肯定存在一个准确反映地质情况的模型），以满足油田开发决策在一定风险范围内的正确性。对于每一模型的每种实现，所模拟参数的统计学理论分布特征与控制点参数值统计分布是一致的。各个实现之间的差别则是储层不确定性的直接反映。如果所有实现都相同或相差很小，说明模型中的不确定性因素少；如果各实现之间差别较大，则说明不确定性大。

随机建模按结果是否忠实于原始数据通常可分为条件模拟和非条件模拟两种。条件模拟不仅要求模拟产生的油藏模型符合实际观测到的储层属性空间分布的相关结构，而且要求在井点处（或控制点处）的模拟结果与实际资料一致。反之就是非条件模拟。目前一般都用条件模拟方法。

自随机模拟引入石油工业中以来，已经提出了多种随机模拟方法。随机模拟方法指根据模型和算法而产生模拟结果的技术或程序。一般模拟方法可分为二大类，即基于目标的方法（以目标物体为基本模拟单元）和基于象元的方法（以象元为基本模拟单元）。

2. 构造及岩相建模

1）思路和流程

地质建模是在对研究区块进行细致地质研究的基础上，结合各种资料综合分析，建立研究区块地质构造背景上的储层参数分布模型，作为数值模拟的基础，用以研究整个气田的开发技术政策和开发调整方案指标的预测。

考虑到长庆油田陇东地区井网较密，井点分布比较均匀，满足确定性方法表征储层属性参数空间变化规律的基本条件；同时，储层储集空间以孔隙为主，裂缝特征不明显，储集类型主要为孔隙型。本次建模采用确定性建模，主要步骤如下：（1）利用单井资料（主要是测井解释）建立单井地质模型；（2）在地质分层的基础上，建立构造和地层格架模型；（3）参考地质研究成果确定砂体的展布方向和范围；（4）根据前期研究的测井属性参数计算结果，建立储层属性模型；（5）有利区优选。

2）网格设计及数据准备

为了获得精细的储层地质模型，网格的定义必须具有足够的密度，定义的依据主要考虑横向上的井网密度和纵向上储层的最小厚度。本书共采用了 311 口井的数据进行三维地质建模，井距大约为 2.5km，小层平均厚度大约为 30m；地质网格设计：1025×1415×30（50m×50m×3m）；网格总数：43511250（图 5-29）。

```
Description                                          Value


Cells (nI x nJ x nK)                                 1025 x 1415 x 30
Nodes (nI x nJ x nK)                                 1026 x 1416 x 31
Total number of 3D cells:                            43511250
Total number of 3D nodes:                            45037296

Number of real horizons:                             31
Number of real layers:                               30

Total number of 2D cells:                            1450375
Total number of 2D nodes:                            1452816
Total number of defined 2D nodes:                    1451940

Average Xinc:                                        100.00000000
Average Yinc:                                        100.00000000
Average Zinc (along pillar)                          3.48736065
Rotation angle:                                      0.00000000
```

图 5-29　三维网格划分表

输入的建模数据包括井筒数据和测井数据，其中井筒数据为井坐标、垂深、补心海拔以及各井的分层数据；测井数据为常规标准化后的九条曲线以及构建的测井敏感属性参数，包括 Por、Perm、Vsh、Por×RI、TOC、BI1、BI2 等。对每类数据都进行了检查，并做校正和调整，如消除测井解释的储层参数连续点数据的异常点、检查不同时期小层划分方案是否一致，并对个别井分层进行调整。

井曲线离散化就是给井曲线穿过的网格单元赋值。因为每个网格单元仅能得到一个值，就要求测井曲线要均匀分布，即离散化。其目的是要在属性建模时能把井的信息作为输入，即控制井间的属性分布。离散化之后得到的网格单元将作为属性的一部分，而不是独立的一项。沿井轨迹的网格单元内分布的值与整个三维离散化之后得到的属性分布是一致的（图 5-30）。最后利用软件中各种可视化工具对加载后的各种数据进行检查、校正和调整，以保证数据质量控制。

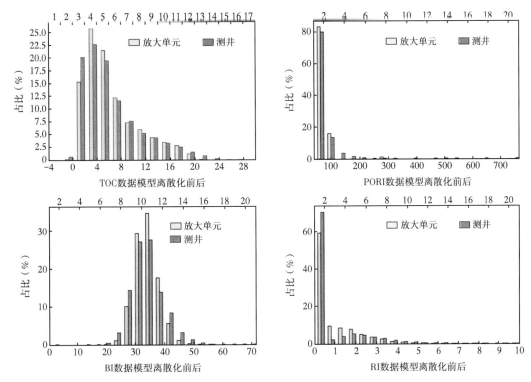

图 5-30　模型数据离散化前后对比图

3）构造模型

地层格架模型采用确定性建模方法，是由坐标数据、分层数据（该地区无断层数据）建立的叠合层面模型，即首先通过克里金插值法，使构造层面完全忠实于测井分层数据，形成各个等时层的顶、底层面模型（即层面构造模型），然后将各个层面模型进行空间叠合，建立储层的空间格架。

构造建模包括两个主要部分，即地层层面模型和断层模型。本区由于构造比较简单，依靠井点资料并结合平面趋势图就可以比较好的控制该区构造形态。根据地层精细对比得出的分层数据资料，利用 Petrel 建模软件建立陇东地区长 7_1 顶面构造模型，如图 5-31 所示，该区总体上表现为向西倾斜的平缓单斜构造，构造高点分布在正宁地区一带，由于主要依靠单井资料，所以在没有井控制的地区可能出现一定的误差。

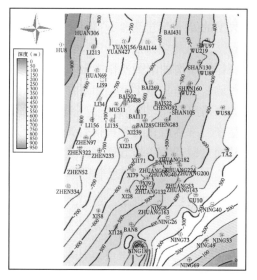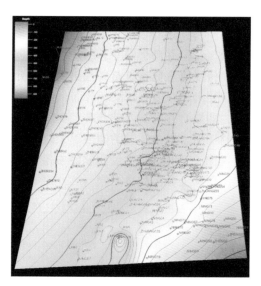

图 5-31　陇东地区长 7_1 顶面构造模型

4）岩相模型

本书岩相模型建立主要采用确定性建模方法，以孔隙度大于 0.1 和泥质含量小于 0.4 为约束条件进行井间插值。图 5-32 中剖面为陇东地区从西北—东南沿湖盆中心长 7_1 小层砂体展布图。

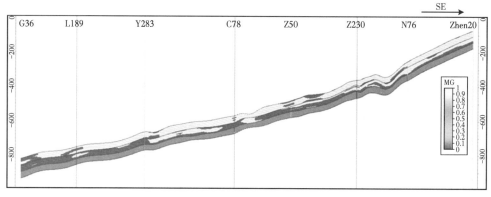

图 5-32　陇东地区西北—东南长 7_1 砂体展布图

陇东地区主要发育重力流砂体，本书所选井数较多，所以最终砂体模型与实际地质勾绘模型吻合程度较高，如图 5-33 所示。

3. 测井敏感属性参数模型

陇东地区测井敏感属性参数模型是在前期单井测井敏感属性参数（如 $\phi \times RI$、TOC、BI）解释基础上，融合构造—地层模型，以三维空间的方式来反映储层含油性、烃源岩特性、脆性等属性的三维空间分布。

建模方法是首先将井点测井解释的属性参数连续点数据粗化到相应的三维网格上，形成单井模型；然后根据单井粗化的属性参数将长 7 地层划分为 30 个小层进行储层空间属性建模；最后利用克里金插值进行确定性建模可完成测井敏感属性参数建模。

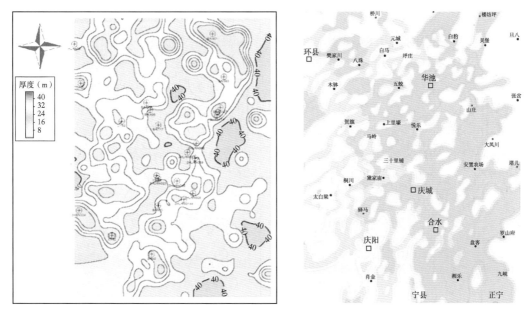

图 5-33　陇东地区长 7_1 砂体厚度图

1）TOC 模型

前期地质认识表明，陇东地区长 7 烃源岩厚 20~60 m，有机质类型好，以低等水生生物为主，富含铁、硫、磷等生命元素，TOC 平均为 13.75%，以 Ⅰ 型、Ⅱ 型干酪根为主，干酪根在岩石中所占比例高，为 15%~35%，为一套优质烃源岩。依据前述烃源岩划分方案，将陇东地区长 7 烃源岩划分为四类，其中烃源岩主要分布在长 7_3 湖侵期，长 7_1、长 7_2 烃源岩相对不发育。本书分别就三个小层烃源岩 TOC、TOC×H（有机碳丰度）进行了建模，并且对长 7_3 烃源岩进行了分类平面成图。

（1）长 7_1 TOC 模型。

陇东地区长 7_1 整体 TOC 低，厚度较大地方主要分布在 Y156、Yu111 等井局部地区，如图 5-34 和图 5-35 所示。

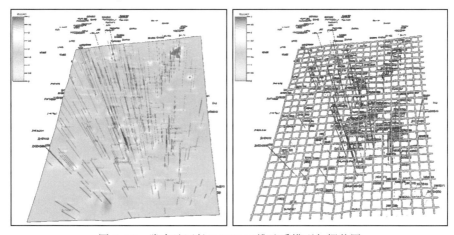

图 5-34　陇东地区长 7_1 TOC 三维地质模型与栅状图

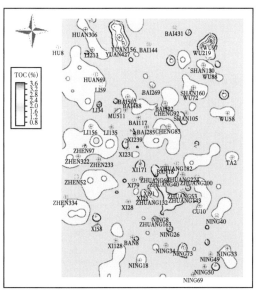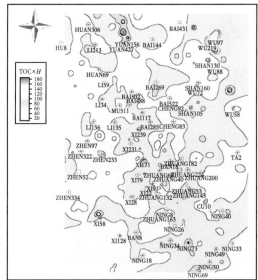

图 5-35　陇东地区长 7_1 TOC 与 TOC×H 平面分布图

（2）长 7_2 TOC 模型。

陇东地区长 7_2 烃源岩 TOC 分布在 0～6% 之间，范围有所扩大，主要分布在 Y427、S130、S105、Yu58 等井局部地区，如图 5-36 和图 5-37 所示。

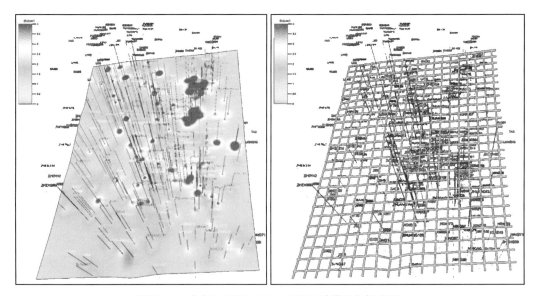

图 5-36　陇东地区长 7_2 TOC 三维地质模型与栅状图

（3）长 7_3 TOC 模型。

陇东地区长 7_3 烃源岩 TOC 分布在 0～15% 之间，范围有所扩大，主要分布在 Y427、S130、S105、Yu58 等井局部地区，如图 5-38 和图 5-39 所示。

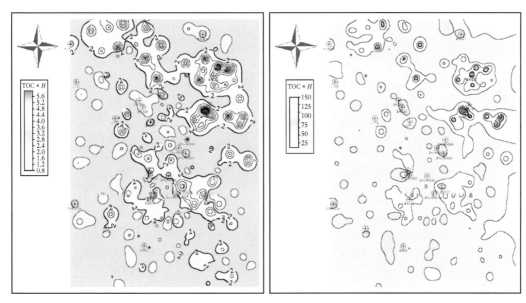

图 5-37 陇东地区长 7_2TOC 与 TOC×H 平面分布图

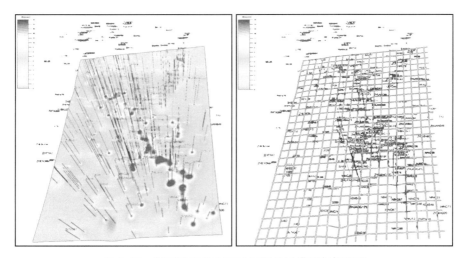

图 5-38 陇东地区长 7_3TOC 三维地质模型与栅状图

2）ϕ×RI 模型

从前面属性参数分析看，ϕ×RI 属性参数消除了岩性、物性影响，能较好反映储层含油性较好区域。图 5-40 是陇东地区长 $7_1\phi$×RI 三维地质模型和栅状图。

如图 5-40 所示，含油性较好区域位于湖盆中心位置，与烃源岩匹配关系良好。如图 5-41 所示 H×ϕ×RI 类似于储能系数，用 RI 代替含油饱和度，使得该属性参数模型更加可靠，能很好地反映长 7_1 整体储层品质情况。图 5-42 是地质上勾绘的湖盆中部长 7_1 储层综合评价图，可以看出在合水、上里塬、环县、华池等地区为较好储层分布区。

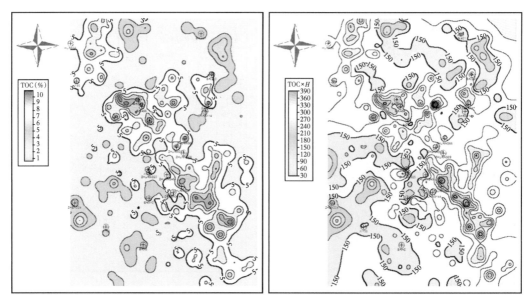

图 5-39 陇东地区长 7_3TOC 与 TOC×H 平面分布图

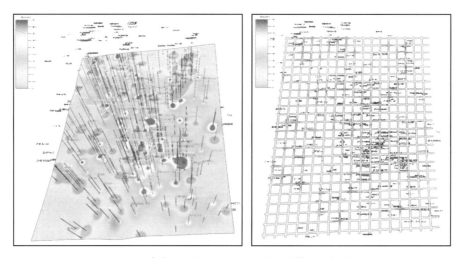

图 5-40 陇东地区长 $7_1\phi$×RI 三维地质模型与栅状图

3）BI 模型

如图 5-43 所示，长 7_1 脆性较好的区域主要分布在湖盆中部砂体较发育区，也基本与砂体分布一致。

4. 富集区优选

通过对测井敏感属性参数地质模型的建立，基本认清了该区长 7 烃源岩分布特征和储层含油性及脆性分布特征，烃源岩生烃能力与储层含油富集程度及岩石脆性的有效配置控制了有利富集区分布。

综合 H×ϕ×RI、TOC 属性参数平面分布图，优选出 H302—H307、S112、T201、

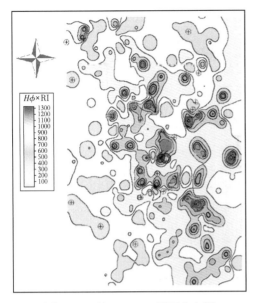

图 5-41　长 7_1 $H\phi\times$RI 平面分布图

图 5-42　湖盆中部长 7_1 储层综合评价图

■ I 类　　Ⅱ$_1$类　　Ⅱ$_2$类　　Ⅲ类

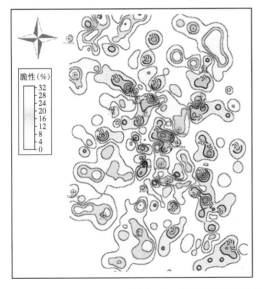

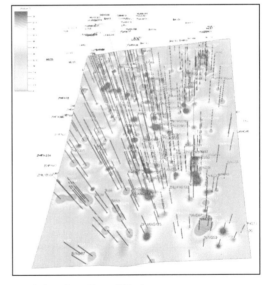

图 5-43　陇东地区长 7_1BI 平面分布图与三维地质模型

Z76—Z11、L47—B520、Z230 等 6 个长 7_1 有利目标区。Z230 井区、L47—B520 井区为 I 类有利区、Z76—Z11 井区、H302—H307 井区为 Ⅱ 类有利区。如图 5-44 所示，有利目标区位于 $H\times\phi\times$RI 属性参数较高区域。

　　同时对所选有利区进行了分析，有利区基本都属于储层厚度大，物性较好的井，如图 5-45所示，尽管试油效果不好，但测井解释油层 18.8m，差油层 6.3m，电阻率为 147.77Ω·m，声波时差为 223.35μs/m，密度为 2.52g/cm³，提升压裂施工方式，应该可以取得较好的试油效果。如图 5-46 所示，白 127 井试油产量较高，也属于所选有利区范围。

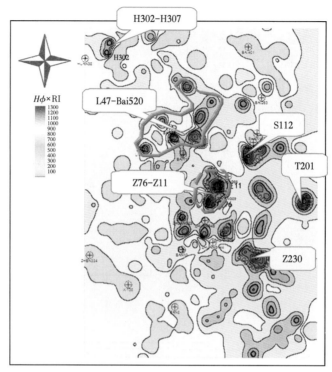

图 5-44　陇东地区长 7_1 $H\phi\times$RI 平面分布图

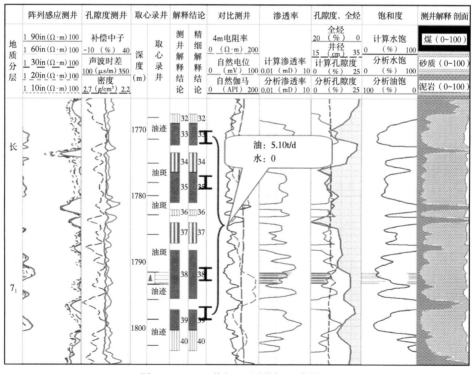

图 5-45　Z11 井长 7_1 测井解释成果图

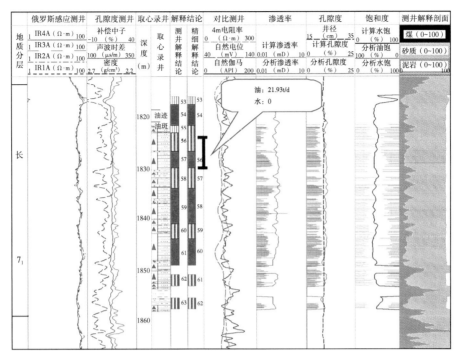

图 5-46　白 127 井长 7_1 测井解释成果图

如图 5-47 所示，长 7_1 有利目标区大部分都位于烃源岩丰度较高区域。

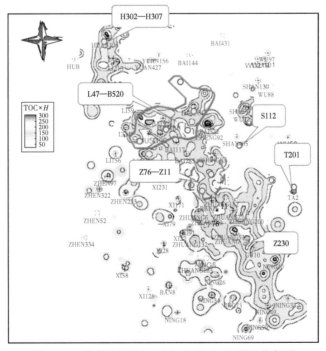

图 5-47　陇东地区长 7_3 TOC（>6%）×H 平面分布图

第六章　一体化测井平台建设

一体化测井平台是网络技术和信息技术在测井业务中的应用，它促进了测井业务流的优化，转变了测井研究的工作方式。通过测井作业链将测井采集、数据处理与解释、成果推广应用的各个环节进行优化管理，加快数据流转速度，提高测井业务的工作效率，提升测井数据的管理水平。应用数据链技术将测井数据与地质、油藏及工程数据进行集成管理，结合地质绘图软件、测井解释软件及专业小工具，形成测井研究工作环境，为多学科一体化研究提供条件，有利于开展油藏背景下的测井综合评价。使得油田海量的研究数据得到高效的组织和有效的应用，实现了数据资源跨学科、跨部门、跨地域的开放式、协同化共享，提高了油气藏研究与决策的科学性和时效性。

第一节　测井数据管理问题与需求

传统的测井采集过程基本都是在现场测井完成后，再将测井数据提交给解释部门。一方面，提供的数据不能实时共享，测井资料的处理与解释也都是滞后的。另一方面，油田勘探开发对象逐步向复杂储集空间和高含水油气藏转移，并且勘探开发节奏不断加快，迫切需要测井数据实时服务于油田生产。低渗透油藏与致密油藏的测井评价更需要结合地质、油藏、工程等多学科信息，准确识别油气层。有效开展油藏数字化建设，使之直接服务于科研生产和管理决策，已经成为油公司及下属科研单位的迫切需要。对研究人员而言，可以实现地质、地震、测井、开发动态等多专业成果信息的综合应用，有利于一体化研究；对管理人员而言，可以方便地查阅各项研究成果，不必依赖不同的软件环境；对决策者而言，可以综合多方面信息，快速发现并确定有利目标，迅速进行可视化决策部署。

进入 21 世纪，以"数据共享、提供实时油藏解决方案"为主要特征的网络测井技术正在形成之中。国际三大测井服务公司于 20 世纪末就在着手设计、构建该解决方案。试图通过互联网技术，实现测井数据采集、处理、分析以及解释的远程控制和共享，实现油藏解决方案的实时化和动态化。其实际意义在于，可以及时地为油公司提供决策依据，大大加快勘探开发进程，显著降低作业成本，增加投资回报。在我国大庆油田、塔里木油田等多家油田单位都搭建了油田勘探开发一体化平台，并取得了较好的应用效果。然而，在国内并没有建成一套涵盖"测井采集—处理与解释—数据管理—综合研究"等测井业务全流程的业务监管、数据综合管理与协同应用的系统。以至于传统的测井业务流工作效率低下，数据管理欠规范，测井研究工作数据收集、整理难度大等问题，长期得不到有效解决。

长庆油田矿区分散，成熟开发区块采用快节奏、低成本运作方式建产，测井工作量大。如何高效地利用测井资料实现对复杂油气储层的快速准确识别和评价，需要解决好三个方面的问题：一是测井采集的质量控制和数据传输，重点在于测井服务公司成果数据如何快速送达油田公司各数据应用单位；二是测井数据的综合管理，测井数据体信息量大、专业性强，需要做到快速解析，按需求提取、组合数据；三是多学科研究成果共享，实现基于地质图件导航模式下的数据快速检索、搜集和推送，为油藏背景下的测井综合评价提供全方位的数据支持。

长庆油田依据自身特点对测井业务的需求，建设了一套适应超低渗透复杂油气藏评价模式的网络化测井传输与协同评价系统。实现了测井与岩石物理、油藏、地质、压裂、试油工程的结合，促进了科研与生产相互协作、成果共享，很好地满足了油田勘探开发中的地质与工程需求。

第二节 一体化测井平台系统架构

测井对油气藏的评价不是依靠单一的测井数据和某一套测井解释软件来完成的，需要结合岩石物理、油藏、区域地质等信息进行综合分析。在油藏背景下进行多井精细评价时，这些数据的收集和整理工作往往成为主要的工作量。系统建设的关键在于测井数据的传输、海量数据的结构化管理和油藏数据的综合应用。

协同评价系统要对测井数据进行层次管理，满足不同用户群体对数据不同程度应用的要求。如测井作业队、测井解释部门、成果应用单位和研究单位，对测井数据的应用需求是不同的。如图 6-1 所示，协同评价系统由三个功能模块组成：（1）测井数据实时传输，其主要目的是对测井采集、数据处理与解释这两大业务进行管理，同时完成数据传输，主要用户群体是测井服务公司、测井业务管理部门和数据应用单位。通过业务流和数据链建设，实现人员、业务和数据的统一管理，属于初级应用模块。（2）测井数据综合管理，主要完成油田海量测井数据的管理，实现各种测井相关数据的归档和解析，完成数据的结构化和矢量化应用，属于协同评价系统的中心数据库。（3）测井研究工作环境，主要功能是共享油田公司研究院各学科研究成果，实现数据集成、推送和深化应用，为研究人员提供专业软件接口，实现数据的快速搜集和整理，通过定制开发专用工具，提高研究人员的工作效率。

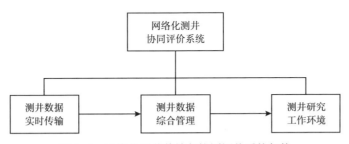

图 6-1 网络化测井传输与协同评价系统架构

一、测井数据实时传输

测井数据实时传输，作为系统的初级应用平台直接面向生产一线，主要解决测井作业信息发布与质量控制信息的管理。其核心任务是对测井数据进行粗放式的分类管理，以适应测井小队的野外工作性质和测井解释部门工作量大的特点。系统将数据粗略地分为测井小队上传的原始数据和解释中心上传的成果数据。这两类数据以压缩包的形式打包直接上传，操作方便快捷，有利于数据的快速传输。如图 6-2 所示，通过业务流的规范化管理，实现对业务人员的管理，建立高效的数据流转链路。通过业务流节点 14 和 17 可以看出，至少两类成果数据直接应用于生产，同时油田公司研究院的部分研究结果可以通过该平台直接与解释中心和勘探开发项目组共享。

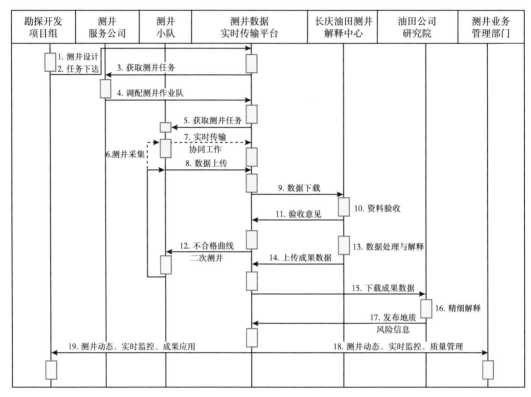

图 6-2　测井数据实时传输的业务流与数据流

传输数据的质量控制，采用测井作业链的方式进行管理（图 6-3）。根据测井主要业务流将其分成 10 个节点，对关键的生产作业信息和数据进行控制。测井作业链反映了岗位产生数据、数据支持业务，业务、数据、岗位三位一体的特点，从而实现测井服务公司和油气公司的测井一体化协同工作模式。

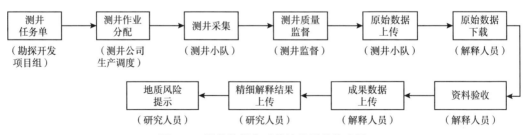

图 6-3　测井数据实时传输的测井作业链

二、测井数据综合管理

测井数据综合管理，作为系统的中心数据库，以 WIS 数据格式为主，管理测井数据。负责对实时传输系统中的数据进行迁移入库，并对数据进行必要的格式转换和结构化管理，根据井的基本信息进行分区块，分厂区管理，对必要的测井作业信息保存。如图 6-4 所示，管理信息主要包括测井设计、施工基本数据、评价基础数据和作业信息四大类，涉及 21 个数据项目。

中心数据库的数据来源是测井服务公司上传到实时传输平台的原始数据和成果数据。这些数据包经过自动迁移入库软件解析后，分为测井数据体、电子图件、文档报告、作业信息等批量迁移到中心数据库。测井数据体在自动迁移时，系统进行解析，将 WIS 数据体中的解释成果表保存为结构化数据，并提供测井数据矢量化在线浏览。

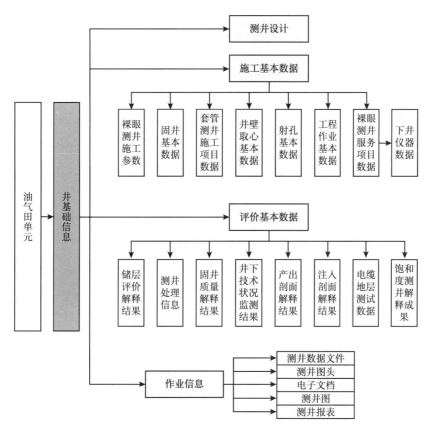

图 6-4　中心测井数据库模型

三、测井研究工作环境

测井研究工作环境是面向油田公司研究院科研人员的一套在线应用系统（图 6-5）。研究工作环境以中国石油 EPDM 模型建立 RDMS 中心数据库，应用 DSB 数据服务总线技术，实现多元、异构、分布式数据的抽取、转换和适配。设计数据集成、数据访问、数据迁移、同步更新等规则和流程，实现数据库的整合应用。系统集成测井数据库、分析试验数据库、地质油藏数据库、试油数据库等。

通过对地质图件进行矢量化管理，实现图层动态加载、灵活组图。以地质图件为基础，通过 ArcGIS 空间分析算法，建立空间数据的操作、统计和处理。实现基于地质图件的 WEB 服务，提供点、线、面数据体的快速检索和定位，提供关联图元的多专业数据，如地震、钻井、录井、测井、压裂和试油等相关数据。通过线和面的统计分析，在线统计储层岩性、物性等资料，可快速掌握储层岩石物理属性的空间分布规律。

在图件矢量化的基础上，结合嵌入式专业绘图软件和插件，如 LogPlot、Geomap、JoGIS、Gxplorer 等，完成测井矢量图、地层对比图、油层对比图、油藏剖面等图件绘制。

如图 6-5 所示，测井研究工作环境提供四个方面的应用。

（1）常用数据集：将测井研究所需要的数据按照地震、钻井、录井、取心、试油、油藏、岩矿、物性和实时报表进行分类，并逐层细化到单一数据项，共计 459 项。用户可根据任意关键字对数据项进行搜索。

（2）专业软件接口：针对 Forward、Geolog、Techlog 三款测井解释软件开发专用数据转换接口，实现数据整理和推送工作。

（3）常用工具：提供解释符合率统计工具、有效厚度数据表提取工具、物性分析数据和取心描述数据整理工具、储量附表计算等工具。

（4）地质图件导航：集成管理油田各类地质图件，包括沉积相图、等值线图、生产部署图、平面构造图等。并针对测井评价提供数据分布统计，邻井分析，多井对比，油藏剖面绘制等功能。

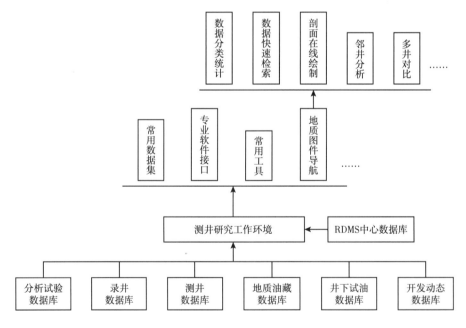

图 6-5　测井研究工作环境架构

第三节　一体化测井平台的主要功能及建设

网络化测井传输与协同评价系统，以网络技术和数据库技术为基础，由数据传输、数据管理和集成应用三层组成（图6-6），主要采用 B/S 和 C/S 混合结构设计。其主要目的是协助测井业务人员完成各项测井业务工作，实现数据的自动化收集、整理，以提高测井采集、资料处理与解释、数据管理、综合研究的工作效率为目标。系统从传输、管理、应用三个方面强化数据、业务和人员的一体化综合管理。

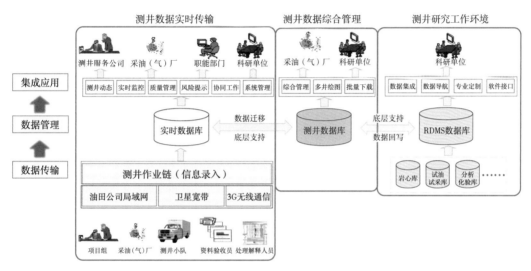

图 6-6　网络化测井传输与协同评价系统模型

一、数据传输

系统传输的数据有三类：一是测井作业信息，包括测井任务的产生、测井作业的分配、小队施工信息、数据采集质量的监控信息等；二是测井小队采集的原始数据，这类数据要从各个矿区井场传送到解释中心，进行资料处理和解释；三是解释人员产生的成果数据，需要提交给油田公司的勘探开发项目组、研究院、档案馆等单位。这些数据和信息直接面向生产，流转速度直接影响油气藏评价和油田产能建设的进度。

1. 原始数据及传输链路

原始数据包括测井采集的未经深度校正的数据，以及现场收集到的地质录井、钻井等信息。这些数据组成一个压缩包，进行数据传输。传输链路灵活采用租用卫星通信、3G或4G 无线通信和油田局域网等。

2. 成果数据及传输链路

成果数据是原始数据经过处理与解释形成的测井解释成果数据，包括成果数据（WIS格式）、电子成果图（PNG格式）、解释报告（DOC格式）等。这些数据组成压缩包，使用油田局域网进行传输。

3. 信息录入及数据传输的实现

生产作业信息和数据是油田公司各单位、部门需要及时了解和获取的。这些信息由服务公司不同的岗位人员提供，系统通过测井作业链（图6-7a）将这些人员联系在一个业务流程上，通过各岗位人员提供的信息和数据推动业务流程自动运转。

a. 测井作业链　　　　　　　b. "测井小队施工"信息录入界面

图6-7　数据传输层的测井作业链

二、数据管理

如图6-6所示，系统的数据管理由三个ORACLE数据库协同完成。利用定时触发、自动迁移等方式，使数据在三个数据库之间流动，完成解释成果的自动归档和科研成果的实时发布。

实时数据库，主要处理来自测井作业链上的数据和信息，保证数据传输的实时性，管理的数据主要是多文件的压缩包。

测井数据库，又叫归档库，主要负责测井数据的综合管理，存储的数据包括测井数据体、电子图件、解释报告、生产作业信息、图头信息和表数据等。

RDMS数据库，即数字化油藏中心数据库，其主要功能是负责对包括测井数据库在内的各个专业数据库进行统一管理和集成。完成各学科科研成果的共享和数据检索。

各种压缩包数据通过业务人员上传到实时数据库后，系统定时对新上传的数据进行扫描、解析并迁移到测井数据库（图6-8），同时将测井数据库中的关键数据和信息同步映

图6-8　系统自动扫描并迁移数据

射到 RDMS 数据库，完成三个数据库之间数据的同步史新。另外，科研成果通过实时数据库向生产一线单位发布。

三、集成应用

集成应用，依据系统设计主要分为三个层次：（1）面向生产一线的应用；（2）数据综合管理与维护；（3）面向科研工作的应用。系统通过组件标准化，数据可视化和图形导航，标准化成图和安全管理等技术，实现数据集成和主数据管理。通过 B/S 和 C/S 模式，构建测井研究工作环境，实现跨学科、跨地域的数据共享和应用。

1. 面向生产的应用

生产既包括油田公司的勘探、评价和产建工作，又包括测井服务公司的测井采集与资料处理与解释工作。油田公司生产更注重测井资料的及时获取，测井服务公司除了提交各种数据外，还需要从系统获取测井任务，同时完成任务分配和队伍调度。

系统为油田公司各单位和部门提供了数据下载、地质风险提示和蓝图浏览功能(图6-9)，各产建项目组可以自由查询、下载自己所属矿区的资料。

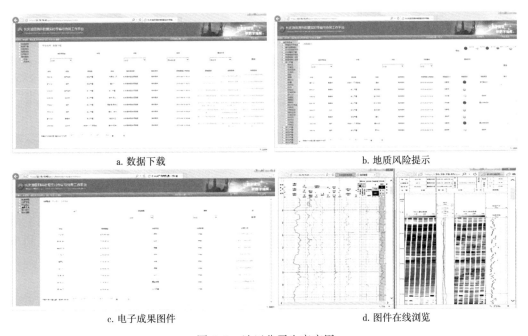

a. 数据下载　　　　　　　　　　　　b. 地质风险提示

c. 电子成果图件　　　　　　　　　　d. 图件在线浏览

图 6-9　油田公司生产应用

测井服务公司的主要应用是录入作业信息和上传数据，通过如图6-7所示的测井作业链完成。系统提供的地理导航，可以为测井小队定位作业井场提供方便；协同工作模块，可以使测井专家为现场测井小队提供远程支持（图6-10）。

2. 数据综合管理与维护

数据综合管理的用户是数据库管理人员、测井业务管理人员，测井数据库管理系统包括数据迁移、常规测井库、成像测井数据库和系统帮助（图6-11）。

常规测井库，主要负责油田公司常规测井数据、电子成果图件、测井解释报告、测井

a. 地理导航　　　　　　　　　　　　　　b. 远程协同工作

图 6-10　测井服务公司生产应用

施工信息、测井评价信息等。通过 Web 服务，管理员可以对井信息、区块信息、油气田区块信息以及数据字典进行维护。主要应用模块有综合查询、生产查询、数据应用、数据下载、数据管理、应用管理等。

成像测井数据库，负责特殊测井原始数据和成果数据的自动同步，管理电成像、超声成像、声波全波列测井、核磁共振测井、元素俘获、地层测试、介电扫描等数据体。

a. 测井数据库管理系统　　　　　　　　　　b. 常规测井库数据管理

图 6-11　测井数据综合管理界面

3. 面向科研工作的应用

面向科研工作的应用通过构建测井研究工作环境（图 6-12）来协助工作人员完成研究工作。应用模块有四个：常用数据集、专业软件接口、常用工具和地质图件导航。

常用数据集，系统按照元数据、数据集、链节点、数据链四个层次，形成数据定义、数据集成和数据推送。以数据链的方式将 459 个单项元数据组织起来，用户可根据数据使用频率个性化定制数据项，组成常用数据集。特定的元数据提供特定的数据展示方式。如测井数据，可以在线浏览，浏览图件时系统按照深度自动加载地质分层和岩心照片，在线读取曲线数值等。在线成图，支持电子蓝图在线浏览（图 6-13a）、单井矢量化测井图（图 6-13b）和矢量化多井对比（图 6-13c）等。

图 6-12 测井研究工作环境主界面

专业软件接口，采用第三方集成产品（如 OSP、SDK）扩展或与软件厂商合作开发，实现数据库数据与专业软件之间的数据推送服务。如 Forward 软件接口针对 WIS 数据进行解析，将各种元数据进行格式转换，并整合到 WIS 数据中，推送到软件工区。

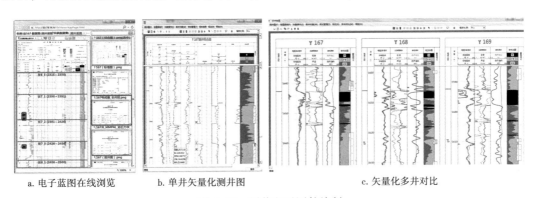

a. 电子蓝图在线浏览　　b. 单井矢量化测井图　　c. 矢量化多井对比

图 6-13 测井电子图件绘制

常用工具，以 JAVA 和 C#为主要开发语言，通过在线解析 WIS 数据体的方式开发了有效厚度数据提取工具，解释符合率统计工具，储量研究基础数据提取工具等。辅助研究人员完成科研基础数据的收集和整理。

地质图件导航，通过对侏罗纪公司 JoGIS 软件进行扩展开发，形成地质图件查看器，实现地质图件的动态导航。定位到井后，与本井相关的数据按层次罗列在主界面右侧，可以随时调用（图 6-14a）。

地质图件导航还提供数据集的平面分布展示，如图 6-14b 所示，三角形标示，表示岩心分析物性数据在当前视窗平面上的分布情况。这对于科研工作者筛选研究数据时非常有利的。

系统集成开发了 Gxplorer 客户端，支持在线绘制地层对比图、油藏剖面图、小层对比图等。如图 6-15 所示，通过地质图件导航定位到井之后，可以选择任意千米数以内的邻井进行多井对比分析。

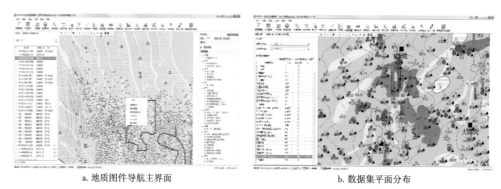

| a. 地质图件导航主界面 | b. 数据集平面分布 |

图 6-14　地质图件导航

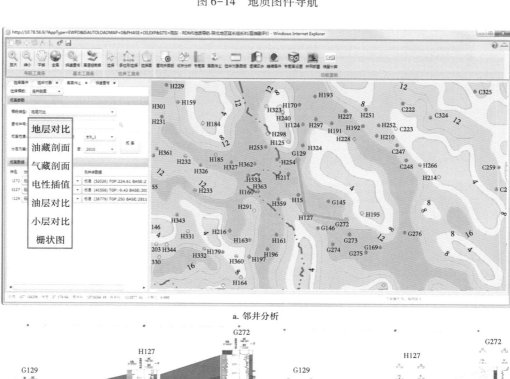

a. 邻井分析

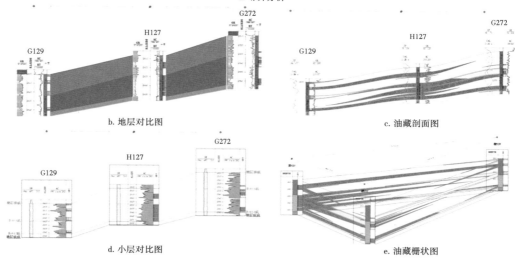

| b. 地层对比图 | c. 油藏剖面图 |

| d. 小层对比图 | e. 油藏栅状图 |

图 6-15　地质图件导航综合应用

第四节 应用效果

一体化测井平台自2012年全面建成以来，在长庆油田得到广泛的应用。在油田科研和生产中发挥了积极作用，改变了测井业务的组织方式，优化了人工成本，使测井业务流的工作效率大幅度提高，满足了油田发展的要求。它在油气勘探、评价、开发井的精细解释与评价中发挥了不可替代的作用，转变了科研人员的工作方式，提高了测井研究工作的效率，促进了测井与油藏研究、压裂施工工程的结合，在科研与生产之间形成了良好的互动。

平台的应用促进了传统测井业务流的优化，缩短了数据流转周期。如图6-16a所示，测井采集、资料处理与解释这两个测井主要业务包含了至少10个关键环节，业务人员分别属于油田公司、测井公司和监督公司三家单位，传统的业务沟通方式主要是电话、传真及QQ、POPO等即时通信工具，业务环节之间的衔接容易脱节延误工时，数据流转主要以车载送图、送数据为主。系统应用以后实现了业务信息即时获取，测井数据实时传输。如图6-16b所示，数字化测井业务流，精简了"资料一次验收"和"派送纸质成果图件"两个业务环节。在网络化数据快速传输和图件电子化的情况下，这两个环节显然没有存在的必要性。

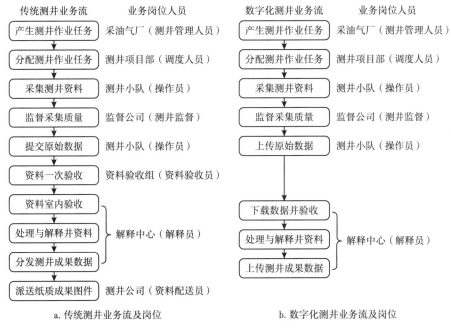

a. 传统测井业务流及岗位　　b. 数字化测井业务流及岗位

图6-16　测井业务流的优化

研究成果与生产单位共享。传统的科研工作和油田生产建设之间的业务沟通是不顺畅的，研究成果不能及时支撑生产。长庆油田上产 $5000×10^4 t/a$ 过程中，研究院的测井综合评价工作往往跟不上油田快节奏建产步伐。研究成果不能及时与采油厂地质人员共享，造成产建过程中出现连片低效井，造成大量经济损失。在协同化工作模式下，地质风险信息通过系统实时发布，建产地质人员根据发布的风险提示信息及时调整井位部署，规避建产风险。如图6-17所示，在采油厂进行区块滚动开发过程中，研究院进行了测井跟踪评价分析，对开发目的层进行了产能分级评价，将地质风险信息进行了实时发布（图6-17a），发布信息显示该区"有可能出水，建议加快试油"。采油厂根据这些风险提示信息进行深入综合分析后，决定对该井区西北部（图6-17b阴影部分）暂缓布井。后期试油结论证实西北地区普遍出水，避免了大片产水井的出现。2013年，通过系统发布三级地质风险提示信息632井，其中一类风险井98口、二类风险井217口、三类风险井317口，在黄36井区长8、西233井区长7等区块部署优化调整中发挥了积极的作用。

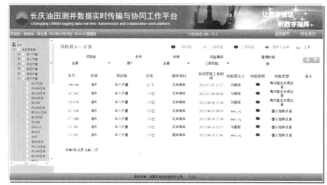
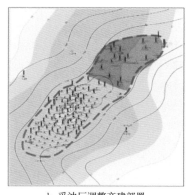

a. 系统发布地质风险信息　　　　　　　　　　b. 采油厂调整产建部署

图6-17　系统应用初期研究成果与生产单位共享

测井数据自动迁移大幅提高了数据入库效率。测井数据作为油田各项研究工作的基础数据，必须做到老数据有效管理、新数据及时入库。只有这样才能使测井的成果在油田的科研、生产工作过程中发挥出应有的作用。测井数据库累计管理了长庆油田10.8万井次的测井数据、28.2万份电子图件、6.6万井次有效厚度数据表，其中包括3100份成像图件和1229份综合解释报告。这些资料在系统建成以前都是通过人工手动加载入库的，为此需要专门安排三四人从事这项工作。即便这样，仍然不能保证当年数据当年入库，成果数据滞后共享，往往延误生产，或给研究工作带来不便。系统建成以后，数据入库工作全部由系统自动完成，其入库效率是人工入库无法比拟的，系统建成当年就完成了12000余井次的数据入库工作，保证了当年数据的实时、准确入库。

系统的应用推动了测井、地质和工程的结合，实现了勘探开发一体化。系统通过各种方式将各专业数据进行整合、共享，用户在一个虚拟的网络工作环境下可以随意访问各项数据。目前长庆油田勘探开发研究院的全部测井业务工作都在该研究工作环境下开展。系统运行两年来，为科研人员整理的物性分析数据、录井取心数据累计达到4135井次，科研人员完成精细解释后，提取有效厚度数据表累计达到32808井次，仅2014年，在测井研究工作环境成果数据浏览及点击数量就达到5.37万井次，有力支撑了研究院测井业务的各项工作。

参 考 文 献

毕林锐，毛志强，肖承文，等，2006. 正态分布法在油（气）水层判别上的应用 [J]. 石油天然气学报，28（3）：76-78.

测井学编写组. 1998. 测井学 [M]. 北京：石油工业出版社：29-38.

陈继华，2003. 利用核磁资料评价储层孔隙结构方法研究 [D]. 北京：石油大学（北京）：1-45.

陈彦华，刘莺，1994. 成岩相—储集体预测的新途径 [J]. 石油实验地质，16（3）：274-281.

程相志，范宜仁，周灿灿，等，2008. 基于钻井液性能优化设计的低对比度油层识别新技术 [J]. 中国石油大学学报（自然科学版），32（3）：50-54.

程相志，周灿灿，范宜仁，等，2007. 淡水油藏中低对比度油气层成因及识别技术 [J]. 石油天然气学报，29（6）：62-68.

楚泽涵，高杰，黄隆基，等，2007. 地球物理测井原理及方法 [M]. 下册. 北京：石油工业出版社：224-326.

楚泽涵，高杰，黄隆基，等，2007. 地球物理测井原理及方法 [M]. 上册. 北京：石油工业出版社：1-210.

Coates G，肖立志，Prammer M，等，2007. 核磁共振测井原理与应用. 北京：石油工业出版社.

戴启德，纪友亮，1996. 油气储层地质学 [M]. 北京：石油工业出版社.

郭正权，潘令红，刘显阳，等，2001. 鄂尔多斯盆地侏罗系古地貌油田形成条件与分布规律 [J]. 中国石油勘探，6（4）：20-27.

何更生，1994. 油层物理 [M]. 北京：石油工业出版社.

何琰，杨春梅，殷军，等，2002. 孔喉体积定量预测新方法 [J]. 西南石油学院学报，24（3）：5-7.

何雨丹，毛志强，肖立志，等，2005. 核磁共振 T_2 分布评价岩石孔径分布的改进方法 [J]. 地球物理学报，48（2）：373-378.

何雨丹，毛志强，肖立志，等，2005. 利用核磁共振 T_2 分布构造毛管压力曲线的新方法 [J]. 吉林大学学报（地球科学版），35（2）：177-181.

黄延章，1998. 低渗透油层渗流机理 [M]. 北京：石油工业出版社.

李长喜，欧阳健，周灿灿，等，2005. 淡水钻井液侵入油层形成低电阻率环带的综合研究与应用分析 [J]. 石油勘探与开发，32（6）：82-86.

李潮流，周灿灿，2008. 碎屑岩储集层层内非均质性测井定量评价方法 [J]. 石油勘探与开发，35（5）：595-599.

李国欣，欧阳健，周灿灿，等，2006. 中国石油低电阻油层岩石物理研究与测井识别评价进展 [J]. 中国石油勘探，11（2）：43-50.

李浩，刘双莲，吴伯福，等，2005. 低电阻率油层研究的 3 个尺度及其意义 [J]. 石油勘探与开，32（2）：123-125.

李霞，范宜仁，邓少贵，等，2009. 自动划分层序单元的测井多尺度数据融合方法 [J]. 石油勘探与开发，36（2）：221-227.

廖明光，谈德辉，李仕伦，2000. 储层岩石基于物性参数的孔喉体积分布反演模型 [J]. 矿物岩石，20（2）：57-62.

廖明光，巫祥阳，1997. 毛管压力曲线分析新方法及其在油藏描述中的应用 [J]. 西南石油学院学报，19（2）：5-9.

刘国强，2005. 岩性油气藏的测井评价方法与技术 [M]. 北京：石油工业出版社：334.

刘堂宴，王绍民，傅容珊，等，2003. 核磁共振谱的岩石孔喉结构分析 [J]. 石油地球物理勘探，38（3）：328-333.

刘堂宴，傅容珊，王绍民，等，2003. 考虑岩石润湿性的新导电模型研究［J］. 测井技术，27（2）：101-102.

刘晓鹏，胡晓新，2009. 近五年核磁共振测井在储集层孔隙结构评价中的若干进展［J］. 地球物理学进展，24（6）：2194-2201.

刘振华，欧阳健，2002. 利用时间推移感应测井动态反演进行储集层评价［J］. 石油学报，23（2）：58-63.

卢德根，刘林玉，刘秀蝉，等，2010. 鄂尔多斯盆地镇径区块长 8_1 亚段成岩相研究［J］. 岩性油气藏，22（1）：82-86.

罗蛰潭，王允诚，1984. 油气储集层的孔隙结构［M］. 北京：科学出版社：201-210.

马中良，曾溅辉，王永诗，等，2009. 济阳坳陷"相—势"耦合控藏的内涵及其地质意义［J］. 石油学报，30（2）：176-181.

欧阳健，2002. 油藏中饱和度—电阻率分布规律研究—深入分析低电阻油层基本成因［J］. 石油勘探与开发，29（3）：44-47.

庞雄奇，李丕龙，张善文，等，2007. 陆相断陷盆地相—势耦合控藏作用及其基本模式［J］. 石油与天然气地质，28（5）：641-652.

任小军，2005. 核磁测井储层孔隙结构定量评价方法研究［D］. 北京：中国石油大学（北京）：1-52.

沈明道，1996. 矿物岩石学及沉积相简明教程［M］. 东营：石油大学出版社.

宋凯，吕剑文，杜金良，等，2002. 鄂尔多斯盆地中部上三叠统延长组物源方向分析与三角洲沉积体系［J］. 古地理学报，4（3）：59-66.

孙玉善，申银民，徐迅，等，2002. 应用成岩岩相分析法评价和预测非均质性储层及其含油性［J］. 沉积学报，20（1）：55-60.

汪中浩，章成广，肖承文，等，2004. 低渗透储层 T_2 截止值实验研究及其测井应用［J］. 石油物探，43（5）：508-510.

王京，赵珍梅，曹代勇，2006. 浅谈海外数字油田与勘探开发一体化集成系统建设［J］. 地球物理学进展，21（1）：225-231.

王永诗，2007. 油气成藏"相—势"耦合作用探讨—以渤海湾盆地济阳坳陷为例［J］. 石油实验地质，29（5）：472-475.

席胜利，刘新社，黄道军，等，2005. 鄂尔多斯盆地中生界石油二次运移通道研究［J］. 西北大学学报（自然科学版），35（5）：628-632.

席胜利，刘新社，王涛，2004. 鄂尔多斯盆地中生界石油运移特征分析［J］. 石油实验地质，26（3）：229-235.

肖立志，1998. 核磁共振成像测井原理与岩石核磁共振及其应用［M］. 北京：科学出版社.1-201.

肖亮，肖忠祥，2008a. 核磁共振测井 $T_{2cutoff}$ 确定方法及适用性分析［J］. 地球物理学进展，23（1）：167-172.

肖亮，张伟，2008b. 利用核磁共振测井资料构造储层毛管压力曲线的新方法及其应用［J］. 应用地球物理（英文版）.5（2）：92-98.

肖忠祥，张冲，肖亮，2008. 利用孔、渗参数构造毛细管压力曲线［J］. 新疆石油地质，29（5）：635-637.

谢峰，2010. 测井数据管理平台系统的信息化建设方案设计［J］. 江汉石油职工大学学报，（5）：55-57.

许长福，李雄炎，周金昱，等，2012. 岩性油藏特征制约下超低渗透油层快速识别方法与模型. 中南大学学报（自然科学版）［J］，43（1）：265-271.

杨华，李士祥，刘显阳，等.2013. 鄂尔多斯盆地致密油、页岩油特征及资源潜力［J］. 石油学报，34（1）：1-11.

杨胜来，2005. 油层物理［M］. 北京：石油工业出版社：121-140.

杨伟伟，柳广弟，刘显阳，等，2013. 鄂尔多斯盆地陇东地区延长组低渗透砂岩油藏成藏机理与成藏模式 [J]. 地学前缘，20（2）：133-134.

姚泾利，邓秀芹，赵彦德，等，2013. 鄂尔多斯盆地延长组致密油特征 [J]. 石油勘探与开发，40（2）：151-153.

雍世和，张超谟，1996. 测井数据处理与综合解释 [M]. 东营：石油大学出版社.

张庚骥，1984. 电法测井 [M]. 上册. 北京：石油工业出版社：19-24.

张文正，杨华，杨奕华，等，2008. 鄂尔多斯盆地长7优质烃源岩的岩石学、元素地球化学特征及发育环境 [J]. 地球化学，37（1）：59-60.

张响响，邹才能，陶士振，等，2010. 四川盆地广安地区上三叠统须家河组四段低孔渗砂岩成岩相类型划分及半定量评价 [J]. 沉积学报，28（1）：36-42.

赵靖舟，白玉彬，曹青，等，2012. 鄂尔多斯盆地准连续型低渗透—致密砂岩大油田成藏模式 [J]. 石油与天然气地质，33（6）：812-823.

赵俊兴、陈洪德，等，2001. 古地貌恢复技术方法及其研究意义——以鄂尔多斯盆地侏罗纪沉积前古地貌研究为例 [J]. 成都理工学院学报，3（28）：260-266.

赵俊兴、陈洪德，等，2003. 鄂尔多斯盆地中部延安地区中侏罗统延安组高分辨率层序地层研究. 沉积学报 [J]，2（21）：307-312.

赵文智，邹才能，汪泽成，等，2004. 富油气凹陷"满凹含油"论—内涵与意义 [J]. 石油勘探与开发，31（2）：5-13.

赵彦超，陈淑慧，郭振华，2006. 核磁共振方法在致密砂岩储层孔隙结构中的应用：以鄂尔多斯大牛地气田上古生界石盒子组3段为例. 地质科技情报，25（1）：109-112.

中国石油勘探与生产分公司，2009. 低孔低渗油气藏测井评价技术及应用. 北京：石油工业出版社. 174-178.

周灿灿，程相志，赵凌风，等，2001. 用岩心NMR和常规束缚水的测量改进对$T_{2cutoff}$的确定. 测井技术，25（2）：83-88.

邹才能，陶士振，周慧，等，2008. 成岩相的形成、分类与定量评价方法. 石油勘探与开发，35（5）：526-540.

AbuShanab M A, Hamada G M, Oraby M E, 2005. DMR technique improves tight gas sand porosity estimate [J]. Oil & Gas Journal, 103（47）：54-59.

Curtis F, Gerald Patrick O, Wheatley, 2006. Applied numerical analysis [M]. Seventh edition. New Jersey：Addison Wesley/Pearson press, USA, 1-542.

Edward D P, 1992. Relationship of porosity and permeability to various parameters derived from mercury injection-capillary pressure curves for sandstone [J]. AAPG Bulletin, 76（2）：191-198.

Ehrenberg S N, 1993. Preservation of anomalously high porosity in deeply buried sandstones by grain coating chlorite：Examples from the Norwegian continental Shelf [J]. AAPG Bulletin, 77：1260-1286.

Houseknecht D W, 1987. Assessing the relative importance of compaction processes and cementation to reduction of porosity in sandstones [J]. AAPG Bulletin, 71：633-643.

Kenyon W E, 1997. Petrophysical principles of applications of NMR logging, The Log Analyst, March-April.

Mao Z Q, Kuang L C, Sun Z C, et al, 2007. Effects of hydrocarbon on deriving pore structure information from NMR T_2 data [C]. paper AA presented at the the 48th SPWLA Annual Logging Symposium.

Marchant M E, Smaijjey P C, Haszeldine R S, 2002. Note on the importance of hydrocarbon fill for reservoir quality prediction in sandstones [J]. AAPG Bulletin, 86（9）：1561-1571.

Moraes M A S, De Ros L F, 1991. Infiltrated clay in fluvial Jurassic sand. crones of Reconcavo basin, northeastern Brazil [J]. Journal of Sedimentary Petrology, 60：809-819.

Rezaei M, 2008. Lithofacies prediction and permeability values estimation from conventional well-logs applying fuzzy Logic-Case study: Alwyn North Field [C]. 19th World Petroleum Congress, Spain.

Rose W, Bruce W A, 1949. Evaluation of capillary character in petroleum reservoir rock [J]. Trans. AIME, (186): 111-126.

Schmid S, Worden R H, Fisher Q J, 2004. Diagenesis and reservoir quality of the Sherwood Sandstone (Triassic), Corrib Field, Slyne Basin, west of Ireland [J]. Marine and Petroleum Geology, 21 (3): 299-315.

Straley C, Morriss C E, Kenyon W E, 1991. NMR in partially saturated rocks: laboratory insights on free fluid index and comparison with borehole logs [C]. paper CC presented at the 32nd SPWLA Annual Logging Symposium.

Swanson B F, 1981. A simple correlation between permeabilities and mercury capillary pressure [J]. Journal of Petroleum Technology, 6 (2): 2498-2503.

Volokitin Y, Looyestijn W, 1999. Constructing capillary pressure curve from NMR log data in the presence of hydrocarbons [C], paper KK presented at the the 40th SPWLA Annual Logging Symposium.

Wells J D, Amaefule J O, 1985. Capillary pressure and permeability relationships in tight gas sands [C]. SPE 13879.

Yang X W, Zhang D W, 2010. Saturation calculation in volcanic reservoirs-a case study for haer jin in petrochina jilin oilfield [C]. SPE Deep Gas Conference and Exhibition, SPE 130759.